万物自洽法则

大张伟 著

北京联合出版公司
Beijing United Publishing Co.,Ltd.

目 录

前言

醒了天才亮 1

第一章　烦恼自洽法则 001

01 生活是笑话,别哭着听它 002
02 烦恼自洽法则 010
03 想不开也得开! 018
04 崭新的自我 024
05 正好! 030
06 放大快乐! 033
07 频频肯定小欢喜 042
08 奔向你的光 049
09 带着悲伤一块玩儿! 056
10 换个角度想,豁然就开朗 062
11 最有效的偷懒 072
12 已在幸福之中 078
13 鲜花与泥巴 088
14 幸亏有烦恼! 093

第二章　内耗焦虑自洽法则　101

01　对自己讲礼貌　102

02　做自己的好朋友　110

03　世上无难事，只要肯"放弃"　117

04　踏上你的"野孩艇"　123

05　跟我没关系＋认尿保平安　126

06　尴尬自洽法则　135

07　真的很"塞翁"　145

08　焦虑来了！　152

09　其实天依然很蓝　159

10　可爱白痴起名法　167

11　唱歌解焦法　173

12　停止思考＋刻意迟钝　178

13　焦虑进化史　186

14　蹦迪治大病！　194

第三章　压力自洽法则　197

01　致总不由自主追求伟大目标的你　198
02　悲欢尽兴！　214
03　自觉地当"瞎子"　219
04　不比不烦恼　226
05　我真棒清单　233
06　随喜！　237
07　你比现实更可怕　243
08　歇会儿的勇气　250
09　什么都不做的快乐　254
10　自己挖坑自己跳，爬不出来自己笑　263
11　欣赏比占有更让人舒心　267
12　欲望魔幻时刻　277
13　无条件快乐！　283

后记

　　心在自洽乐园　288

前言

醒了天才亮

亲爱的读者，你好呀！这是一本企图疗愈你不高兴的书。

我懂你，一个小悖论此刻蹦进了你的脑门儿：我现在正不高兴呢！内心正突突打着架呢，怎么还能踏实得下来心看本书啊？这不相当于坐翻滚过山车时，你跟我说，咱俩能平心静气地好好谈谈心吗？

说得没错！尤其在看哲学书时，手里的书本还总是打滑，因为——书本滑（叔本华），哈哈。明白了吧，这本企图疗愈你的书，语言风格大概都是这样，反正书都翻开了，你就看会儿呗。没准儿你看着看着会不由得说：嗯，真的被治愈到了。

当然，更可能你看着看着会不由得说：写的什么破玩意儿啊？早知道这也能出书，印刷术就不应该被发明出来！

咱不说别的，这么刻薄对您身体可不好，容易导致肩酸，因为肩酸（尖酸）刻薄。

哈哈，就算您越看越不高兴，认为都是胡扯、没用的话，但起码您不跟自己不高兴了，转成跟我生气了，对不对？那就说明这本书还是有用的啊，疗愈效果达到了！

希望你目前还不是个过分习惯了这个世界，把一切都视为理所当然的人。

如果是的话，也没关系，看完了这本书后，你连呼吸都会比之前更可爱一点点！

但也不一定,毕竟这是我第一次正式写书。虽然写的内容都不怎么正式,但我尽量做到有益又有趣,哈哈!只是请您不要有太高期待,因为期待本身就是一种可大可小的自虐。

那么在你正式阅读之前,还是要温馨提示下,书中多半是我自己跟自己聊天,给自己写着解闷儿的,您别过来强行纳闷儿啊。这书绝没有企图告诫谁什么哲理真知,**因为我无权对如此优秀的你说三道四。**

其实我们在看书疗愈或找人谈心时,都是带着答案找答案,才会被那些冲进心里的句子戳中,点醒了我们本来就知道却没意识到自己知道的答案。**我们的内心与外在的世界是很不一样的,心里的世界,不是天亮了才醒,而是醒了天才亮。**

本书希望与你建立的关系,就像一朵云伴着另一朵云,到了微醺的时候,再一起化成晚霞。顺其自然,只为图个"正好"。如果你读到其中某段,与我莫逆于心,共坐在了一小块心田上,那正好共享精神炙热与快乐!但如果你不赞同我的某些看法,在批判否定的同时，又正好激发了你深入的自我思考，更不错呀，两头通！

虽然咱们的经历不同，但快乐和痛苦的感受都差不多，快乐我已经在歌里写过很多很多了，在这本书里，就来写写痛苦吧！

哇，好开心，我们要一起痛苦啦！

我先表个诚意，说说自己的真实痛苦经历吧。

我16岁在演艺界出道，没几年就和唱片公司闹解约，那个公司的老板断了我当时所有的演艺工作和经济来源。他对我说："我既然能把你捧出来，就也能把你毁了！"那时的我才19岁，还被评为过"六大智慧少年"，我不想一下从六大智慧少年变成"只会溜达少年"啊，这还没智慧几年呢，就前途止步无望了吗？受挫感占据了我，我感觉有一大屋子的烦恼和我作对，就像一条想变成风筝的内裤，由于拉锁拉得紧，根本飞不起来……

偶然间，我看了那本让很多人受益的书《牧羊少年奇幻之旅》，一读起来，就浑身起鸡皮疙瘩！

于是我……就去医院看病了,医生说这叫皮炎。

哈哈,不来些破笑话开场,总觉得不像我干的活儿。

那么现在,本书正式开始!

第一章 烦恼自治法则

01
生活是笑话，
别哭着听它

　　是的，你又不高兴了，又烦恼又痛苦又抑郁了。

　　你知道你本可以很开心的！有多开心？就像天真的小男孩在向可爱的小女孩说悄悄话时那样开心！

　　可是，那熟悉的感觉又来了，是一种没生病却又不太健康的别扭。

　　更严重点时，眼前的光变微弱，生活里走的每一步，感觉都成了夜路。

再严重些，直想抓把悬崖边的枯草纵身而下……

陷入抑郁的深渊，难以遏制的苦闷袭涌而至，压迫感持续加剧，像要被黑暗的恶魔吞噬一般！当它张开大嘴露出无情凶残的獠牙要吃掉你时，请勇敢地抠出一块小鼻屎对它说：要不您先尝尝馅儿？

哈哈，**生活是笑话，别哭着听它**。烦恼，是人就会有，防不胜防，谁也避免不了，但好就好在它避免不了。正因如此，为它痛苦才毫无意义！

智者说，人除了身体上实实在在的痛苦，其他都是自己想象出来的，痛苦的感觉都是假的。

这是真的！你是不是有时也会察觉到，其实某件事只要不那么去想，就没那么痛苦了？使你难过的，并不是当下难过的遭遇，而是你认为这个遭遇很难过。

所以咱们完全犯不上成为自己情绪的受害者。就算你有被害妄想症，无法控制负面情绪的发生，但可以控制强度呀。干吗非要那么严重、严肃、紧绷绷地看待它呢？甘愿束手就擒地被痛苦吞噬吗？你确定要一直这么脆里脆气地"脆"人泪下，让脆弱的部分主宰整个人生吗？生命又不长，浪费在坏心情上，不就亏了吗？**痛苦个什么劲哪！天塌下来，跟你有什么关系呢？**

你含泪感叹：可没办法呀，我目前就是这样，无助又无望，究竟要去看哪本书，去看哪位医生，才能帮自己走出来呢？

我强烈推荐你先去看看感冒中的鼻涕吧，该擤擤（醒醒）啦！

深陷痛苦中的你，听不出上面这句谐音梗的妙处，还在哭诉：我有太多放不下的心事，感觉自己没用又失败，去找哪位大师能教我放下呢？

我再次强烈推荐你去找洗手间里的马桶盖看看吧，它一直在教你"放下"！

哈哈，解心宽时，我不完全赞同把自己看得渺小甚微，认为一生不过是在无尽浩瀚宇宙中过去和未来之间的一瞬。咱们一起先来建立个共识：

一个有我们的世界比一个没有我们的世界，要有趣太多了！

世界因我们的存在，才这么有趣。这是有科学根据的，请不要再天真地以为这个世界多你一个不多，少你一个不少，**你比你自己以为的伟大多了！**

你知道吗，从百亿年前的宇宙大爆炸，到后来太阳星云的形成，所有都那么正好，奇迹般地诞生了地球。从30多亿年前的地球上，单细胞生命经过极其漫长的时光才演化成了复杂生命，再到6500多万年前，那颗小行星撞到地球使恐龙灭绝，给人类让出了一条进化之路，步步惊喜地演化出了思考、感受、语言、爱与艺术，这一切的一切，对于你来说，如果不是为了迎接你的到来，又有什么意义呢？

这一切的一切，都是为了迎来此时此刻的你呀！

你活着的每一刻，对你来说，都是永恒的存在，都是真切的奇迹！

而你，却在不高兴。

你对不起恐龙！把恐龙的魂儿都给气坏了：我白

灭绝了吗？！

看到这里，如果你还没高兴一点，那颗小行星就应该只撞你一人，哈哈。

世间万物皆是曼妙的伏笔，都是为了衬托你来到这里。你务必要满怀可爱，所向披靡！

对吧对吧？这个世界有时还是挺美妙的，让人不禁展开双臂，趴在地上，想要好好拥抱下这颗圆乎乎的大星球！

但有时它确实讨厌得像只大癞蛤蟆，多看一眼都硌硬得仿佛自己身上也长出了疙瘩。

那么，优秀的你，请不要盯着癞蛤蟆一直看，越盯着它，它就越被放大。你认为是在跟它较劲，它却以为你喜欢它呢，结果你跟癞蛤蟆过上日子了……别这么委屈自己，你必须值得更好的！

下面，咱们就来郑重其事地盘点下有哪些讨厌的"癞蛤蟆"：

工作学习不顺利，爱情亲情不如意，过去阴影挥不去，缥缈未来不确定，资讯爆炸心难静，内卷内耗大压力，复杂的人际关系和没完没了的焦虑……

以上这些押韵的"癞蛤蟆"，早在几千年前，圣哲用他们超凡的智慧就已给出了各种解法。然而，他们的智慧适合开悟，我们的智慧适合开公司——智慧有限公司，智慧实在有限，悟不到啊！

如果每次心一难受，你就跟它说：别难受！它照办了。一切不就解决了吗？可怎么就是做不到呢？

你刚刚才愣劝着自己稳下来，读本书试图疗愈平静会儿，还没看几页就开始着急：这得看到多少页才能被疗愈啊？那能点醒、击中我的金句，要逐字看到第几百上千个时才能出现啊？尤其是那种超过了二十个字还不带标点符号文字烦琐得看一眼就不想看了看也看不懂的长句子——就像现在这个句子一样的——好麻烦啊！知识是无限的，而人的生命是有限的，赶紧，直接给几句最来劲的话，让我幡然觉醒吧！

尼采说：我能做到。

我说：您先歇会儿，没到您那趴（part）呢，我正跟公司同事聊天呢。欸，你说咱们为什么老这么着急啊？又不是活不到明天了，萝卜还没吃呢，就盼着先放屁，真是一点弯路都不想走啊。如果做一件事只求快，就代表了你已经在关心下一件事了。这种行为上的求快，恰恰在掩饰着自己不愿投入和思考的懒惰。

而且有人还嫌能产生共鸣的作品太少了。这不是正常的吗？如果世上所有的作品都能让你共鸣，还不得吵死你啊？其实不如说正是那些让你看后、听后无感的作品，才给你带来了难得的感官与心灵上的缓息。因为每天狂轰滥炸似的被动接收，你是躲不开的。

言归正传，聊回"癞蛤蟆"。咱们都知道负面情绪产生时，要及时踩刹车，可每次一踩才惊觉：怎么所有踏板都是油门啊？！哀愁、嫉妒和发怒，想停却根本停不住。只能对着圣哲们苦唱：把我的悲伤留给自己，你的美丽让你带走。

这时你迷茫地问：那悟不到的我们，在前行的路上就没有指南了吗？找不到方向可该怎么办呢？

在原地耐心地等一会儿。

你问：等什么？

等一位喇嘛。

你问：是那些圣哲中的吗？

不，是绕口令中的，因为打南边来了个喇嘛，手里提拉着五斤鳎目……这不就找到哪边是南了嘛。

哈哈，这种写作的笔法目前还能接受吗？不能接受也没关系，后面还有好多呢！

02
烦恼自洽法则

烦恼的事发生了，就是发生了。烦恼着烦恼的发生，就得到了双层烦恼。然后自己吓自己，夸大着烦恼的痛楚，就得到了三层烦恼。再去担忧着烦恼以后会再次发生，就得到了四层烦恼。我们总是以"四层"相识、自动用更烦恼的方式去对待烦恼，激化煎熬。

苦苦叠叠苦，心里肯定堵。心灵是净土，别让心灵净是土。

焦虑着无常、攀比着落差、内耗着做不好、失落着得不到，"着"后边的都是生活必经遭遇，该发生的就是会发生；但"着"前边的是反应，我们完全可以自主选择呀！

"活着"的有趣之处就在于，总还有另一种可能！改变与烦恼的相处模式不就行了嘛！

那要切换到什么模式呢？

本书的关键词就来了——**自洽**！

人在烦恼世界，心在自洽乐园！找到心中的自洽法则，随即万物盛开！

如果说烦恼痛苦来自对自己无能的愤怒，那么快乐轻松就来自对自己无能的自洽。终归不管你认为自己有多强大，无能为力的困境和事与愿违的冲突依然会发生。你人生计划得再充分，也会被莫名其妙地打乱，总是惊喜伴着惊吓，不自洽必然心情差，看哪儿都是癞蛤蟆。

自洽是在错综复杂的世界中，自建的内心良好秩

序。与自己融洽相处,给情绪松绑解忧,调动思维的弹性与开阔性。你那高情商别尽给别人用,也给自己想不开的心事打打圆场吧。让当下的心情顺当了比什么都重要!因为未来是由一个个当下组成的,安然自洽地活在每一刻,不就凑成美好生活了吗?

比如现在的境遇就是让你不自由,但你却可以自洽;不自信也可以自洽;不完美仍可以自洽;焦虑、尴尬都可以自洽。在没有选择的情况下,你还可以自洽地接受没有选择。一洽还有一洽洽,自洽多了,你会发现,其实有太多的破事儿根本都配不上影响你的情绪!

自洽是忠于自己的美好:在喜欢的事上发光,在不喜欢的事上健忘。在爱你的人身边当个孩子,在不爱你的人面前做个聋子。

自洽是接受自己的残缺。生物学证明了我们不可能完美,也不需要完美,反而不完美才造就了我们每个人的独一无二。完美绝对不如玩儿美了,**要知道这个世界我是来玩儿的!**

有缺点、弱点是人本该有的样子，就算因为自身缺点办了错事，也要对自己边打边夸：看看你干的好事！哈哈，而且还要记得多涂护手霜，这样打起来才不伤手哦。

自洽法则

-

你的缺陷、缺点一直在保佑着你。

是的！你的"懦弱"让你避开了多少逞强好胜的灾难啊；你的"懒惰"让你找到了多少可以省劲儿也能把事做成的捷径啊；你的"自卑"提醒了你多少次要做更好的自己啊！明白了吧，就是要有这种"水多了加面，面多了加水"，变通地给自己找台阶下的精神！

人类思维有个美妙之处，**虽然不能保证做出的全是正确决定，但总能想辙让决定变得更正确**。破财免灾、因祸得福、否极泰来，心理调适得天底下就没有说不通的事儿！我们总能根据自己的经验和角度，创造出一种把事儿说得通的解释，让那些水火不相容的冲突转为相互成就。既然都有这种公共才艺，就正向积极地多去用来解心宽吧！

为什么我要强调"积极"？因为活得好的、久的、爽的人，不是那些最强悍的，也不是那些多聪明的，而是那些对生活中的变化总能做出积极反应的。

不管快乐几分熟，都要帮自己热到最可口。

那么下面我先来"拉踩"一下，网络上有些常年流传的解心宽名言，实在无法让人宽心。

例如，"快乐也是一天，不快乐也是一天，为什么不天天都快乐？"

这句话就像"富裕也是一生，不富裕也是一生，为什么不一生都富裕？"。咱就是说，但凡自己能有点办法，也不至于一点办法没有啊！能快乐谁愿意硬难过呀？就是赶上了诸事不顺、拿一堆破事儿没辙的时候，怎么快乐？人家伟大的贝多芬能量大，能扼住命运的喉咙。咱手劲小，双手再使劲去扼命运的脖子，命运只会说：嚯，感觉跟穿了件高领毛衣似的，挺热乎嘿！

自洽法则

-

**即使是不快乐的一天，
也要恭喜自己成功地安然度过了！**

但这也许还是挡不住你的质疑：什么自洽，就是自己劝自己，仅得以暂时的舒心，无法从根本上解决问题！我不高兴的原因是，我还没成功、不富有，我就想让人给我造一花园的大理石雕像，永垂不朽！

嗯，好的，你的想法我已经了解了，先赶紧去找地方批发大理石吧，有请下一位追梦人！

哈哈，咱不劝着点自己，不早跟这个世界翻脸了吗？就算你觉得这个世界就像你们家小区看门大爷的英语水平一样——烂透了,也请你了解一下,**有时不是这个世界的景象浑浊,而是你戴着的眼镜脏了。**先擦亮自己的眼镜,看清楚了再骂街,泼脏水别溅到自己,好吗?这个世界对任何人无憎无爱,你却硬要求它必须"毒唯"你,它并不欠你的,而是你太欠。

暂时的舒心就不错了,从时间的长河来看,您再长寿都只是暂时活着。

你说:可刚才你还说别把自己看作是时间长河中的一瞬呢!

我猜您一定是位能轻松倒背圆周率的达人,思维怎么那么精密呢。没错,我就是这么一会儿一主意,但架不住我自洽呀!

最关键的是,你现在可正不高兴着呢,先用自洽把内忧、内耗、内卷、内分泌弄好了再说其他的吧。都快渴死了,还挑什么杯子啊?

诗里怎么写的——你不快乐的每一天都不是你的!

你说:可世事总有心酸的一面,五味杂陈。故作开心自洽，就像逃避现实，把头扎进沙子里的鸵鸟一样。

对啊，所以是首"藏头"诗啊，哈哈。我个人认为，只要能真正安慰到心的说法，就不是自欺的谎言。

03
想不开也得开!

生活中有困境是实情,一味强迫自己打起精神、要知足之类的确实也不怎么管用。坦诚地讲,一生都快乐幸福是不可能的,能不畏烦恼、兵来将挡地活多半生,就已经相当出类拔萃了。接受有些事的不如意,才能滋生和暖的心境。有些事如意了,反倒并不利于你。"一切都是最好的安排"这句话虽然被说烂了,但它依然是最好的安排！哇，你看看这句是多么无敌，总能绕回来！

积极自洽的目标是，让你从五内俱焚的感受，变成仿佛每一个细胞都在微笑！

要先去相信美好，才会活在美好之中。为什么要相信美好？不仅仅是因为正能量，更是因为这样想，活得最省劲儿。

您琢磨琢磨，不相信美好的话，总带着怨与恨过日子得多较劲又麻烦啊，多愁善感、恶意满满、搬弄是非，想想都累得慌。如果你和我一样也是个仰卧不起坐、俯卧从不撑的人，在家里盖的毯子都是懒得动毯（弹），那就更要相信美好了。

要相信相信的力量，很多事不是你不努力而做不到，是不相信才没做到的。你相信就屡试不爽。当然，你不相信的话，也屡试不爽。反正我认为，相信自己拥有美好，美好才会出现。**如果美好是世上最美味的酒水，那相信就是杯子，酒水没有倒进杯子里，再多也没用啊，只会失之交臂，洒在地上，你还嫌它粘脚。**

况且，什么叫作正能量？我的认知是，正确地使用能量！能量得使对了地方，才能发挥功效。

自洽法则

做好眼前事，面对不得不做的工作，安心做好此时此刻自己要做的事。这非常非常重要！

重要到什么程度？重要到要再说一遍：做好眼前事，面对不得不做的工作，安心做好此时此刻自己要做的事。

这样你的精力就不会浪费在坏情绪与脾气上，不然还没等到要做有趣有益的事，你就已经被自己气累了。

你说：可我现在就是不快乐，没什么可高兴的，都挺没劲的，生活对我来说，就是生活着。唉，春节回家过年点鞭炮，连点了十个，全是蔫儿屁。心情就像已死的圣诞树，再怎么装饰也是徒劳。

哦，那……你运气确实有点差。

哈哈，不是不是，您马上就好起来了，好吗？你知道你有多棒吗？母爱再了不起，前提是得先有孩子。烦恼再厉害，没有你为它难受，它什么都不是啊！这讲的是什么破道理啊，哈哈，重点是，就算你悲观地认为想要快乐是道难解的谜题，但你就在这谜里呀，此刻痛苦迷惑的你，已是答案的一部分了！

自洽法则

—

不必四处看，你就是答案！
你的人生你出卷，乱写也全都正确！

出题的是生活，但批卷子打分的是咱们自己呀！语言的尽头是音乐，现实的尽头是文学，你给自己写自传，爱怎么写怎么写，怎么灿烂怎么闪！

你说：哎哟喂，这碗鸡汤味儿可够浓的……

哟呵，不合您的口味？得嘞，人生苦短，再来一碗：

世上并不缺少快乐，而是缺少发现快乐的眼睛。眼前就是成堆的"宝藏"，别闭着眼自哀自怜地硬说自己像个乞丐。就算你悲观至极、破罐破摔了，认定人生就是痛苦的累积，就是糟心事接踵而来的过程，决定把余生的所有时光都用来悲伤了！

且慢，这位壮士，请不要高估自己，首先，你做不到；其次，都是其次。您坚持不了那么久，您不自觉地就会变积极。你以为痛苦会一直伴着你？不不不，它没那么有毅力。你要走运了，你信吗？心渐和暖的你，准备好重新爱上这个世界吧！

即使满目荒漠，也要栽上一朵只为自己开的花。就算眼前的那朵花没开，自己就是盛开的那一朵！

自洽法则

一

只有想不开的时候,没有想不开的事,
因为,春天花会开,想不开也得开!

04
崭新的自我

自洽的目的是自爱自强,要警惕的是,有种类似自甘堕落的"自洽",这种逆向自洽于我们而言就大可不必了。就是那种前面提到跟"癞蛤蟆"过日子的人,认为一两次的难受叫难受,多次反复的难受就成了习惯,习惯了就好了,甚至觉得习惯了糟糕才是自己该认的样子。

你闻见了吗？闻见了吗？什么东西烧煳了？

哦，是你的脑子。

这叫习得性无助，好吗？快乐和不快乐都是自己学来的，无助、沮丧是学习之后熟悉了的不快乐。你向往着快乐美好的乐园，却还选择蜷在熟悉的地狱里。虽然这像死循环一样被折磨着，但你觉得至少熟悉，被负面思维彻底控制，甘作奴仆。像攥着断了线的风筝，泣不成声也不扔，泪眼迷失在天空……

毕竟改变是让人不安的，即便是向好的一面，但我也理解一句"习惯了"代表了太多的一言难尽。习惯痛苦比追求幸福容易，承受不幸比享受幸福简单，想要幸福就必须有所行动，还不确定怎么行动才有效，但承受痛苦只需陷在原地不动就行，这就形成了一种不舒适的舒适圈。对快乐美好越发陌生，在有机会美好时，却深深地感到"我不配"，配得感低得只能悲观认命。如果只因为眼睛进了沙子，就不再去欣赏美景了，真是遗憾哪。

而且，习得性无助的人还总会笃定没人喜欢他，在想象中被全世界轻视着。笨蛋不是因为笨才没人喜欢，是因为他笃定自己没人喜欢才笨。

一位我以为超自信、走路带风的艺人朋友，他喝了点酒后对我说：我觉得自己是废物，就是个垃圾！

我震惊地心想：不可能吧？！是我听错了吗？他这么大一腕儿，居然这么评价自己？他可是万人仰慕的×××呀！

你以为我会说出人名吗？不可能！再说了，是谁很重要吗？

你说：很重要！

嘿嘿，架不住我是小龙人呀：就不告诉你，就不告诉你，就不告诉你！

我当时沉默了一会儿，拍拍他的肩说：那你以后出门前都得练轻功。

他问：为什么？

我说：因为大街上垃圾不让落地。

哈哈，其实在深入了解一个人后，这种状况屡见不鲜，再成功的人也会觉得自己不尽如人意。

生活给了你一刀,你习得性无助地自哀自怜,就意味着又给自己补了一刀。并且,别去细品:这刀怎么扎得这么准?真是神刀!如果你被插了两把神刀,就成了神神刀刀(神神道道)。

心里有刺,就要尽快拔出来,不然也会发育成刀,再拔出来时伤己又伤人。

抛弃习得性无助,笑着把刀拔出来扔掉吧。

这时,旁边会出现一个人说:捡起来,垃圾不让落地!

没想到吧?这儿还能翻一包袱呢。哈哈,但这重要吗?重要的是,我也能很共情这种感受。我每次很失落的时候,就感觉自己好像死了一点点。经历了某一类事的几次挫败后,就从此先认定那些事再努力也不可能有好成绩,然后当类似的事情再发生后,果然不如意,该失望的事从没让我失望过。这时,我还会略带兴奋地自哀:终于——我就知道会这样……

神奇的是,对自己做出负面结论,居然也能得到一种满足感!认为被自己说对了,这下踏实了,这就是所谓的悲观者永远正确。都说胜不骄、败不馁。我这人，胜时可以做到不骄，但败了一定馁，一挫就馁，再挫再馁，所以才写出了《阳光彩虹小白马》：我是馁馁个馁馁，馁个馁个馁馁（我是内内个内内，内个内个内内）……

哈哈，没关系呀，我通过多年写歌、编笑话、看书已经基本自愈自洽了，你也肯定能找到属于你的更好的出口，只要咱们不闷着，没把心封死了就行。"闷"这个字，就是把心封在了门里，把一切拒绝在门外，包括快乐。

有人鼓励过我一段非常受用的自洽法则：**你把自己当作一朵花，总怕春天会离开你。但也可以这样想：即使只能活一个春天，那也代表了你的一生都在春天里呀！**

他人眼里的我，认为我配得上一切的美好，我绝对积极赞同！给脸不要脸，肯定出危险。谁说不要在意他人眼光？正向眼光咱得在意啊，用来勉励自己习得快乐，超好用！

况且春天也是个被过誉的季节，因为美好在我们这里必然是件四季循环的事，在哪一季中都能舒展人生。

其实，我们每天都在即兴创造着崭新的自我，干吗非把自己定义在那里？定义了负面的自己，就相当于认同了自己的痛苦！咱别给痛苦这个脸好吗？

别总说什么自己是世上最差的人，您是打哪儿得到过什么权威官方认证吗？就别给自己颁发"非跟自己这么讲（奖）"的这个破奖啦。这个世界充满惊奇、惊喜，到处都有定义被推翻和重新被定义的事发生。不给自己设限，超越定义，和世界一起日新月异吧！

有人说，睡着了和死了没有区别。这也代表了醒来和重生是一样的！不期而遇的一件事、一个人、一句话，没准儿就能颠覆你的多年认定，活着的"活"是动态的，所以每天的我们都是崭新的！

05
正好!

此处有个心声小妙招，可助你自洽——**善用活用"正好"**！

出差没赶上飞机，你心里说：正好！我还没吃饭呢，上旁边吃碗面去。

上班时被老板骂了，你心里说：正好！锻炼下我的想象力，老板也是一时的情绪，把他骂的话当罗马尼亚语听，毕竟我根本不懂罗马尼亚语，听不懂，我还在意个屁呀。**只要我不在乎，就没什么能伤害我！**这都加班到半夜了，我还没吃饭呢，山重水复疑无路，赶紧去趟小卖部。哇！肉松卷脆皮肠，甜爽可乐还无糖！

好吧好吧，说个正经的，下班回家的路上堵车了，你心里说：正好！停下来看看车窗外不期而遇的小美好吧！天边微醺的绚彩晚霞，绿化带中的朵朵鲜花，对面车上有个小孩笑哈哈，还有位烫了个夸张发型的自信大妈。往日一路畅通时，你匆匆忙忙地就让这些过去了，现在放在心里多留一阵，等回到家，入睡时闭上眼睛会看到，一位微醺的大妈拿着花站在晚霞中对你笑哈哈。然后，你突然惊醒叫道：哎哟！我还没吃饭呢！

哈哈哈，就是这么个意思，您自行发散运用。失眠了正好看会儿书；失恋了正好享受独处；就算吃错东西得肠胃炎了，正好能饮食清淡几天，还瘦身了呢。

自洽法则

多去发现"正好"自洽的一面，
在烦恼中也能找乐！

06
放大快乐！

自洽乐园中的"乐"就是——找乐！

找到乐观的角度、站在有趣的地方看待烦恼困境，立减一切不开心！

你主动去找乐，快乐也会主动来找你！请相信在你的世界里，幸福绝对是双向奔赴的！

如果"凡事都往好处想"这个心态有时不好使，

那就烦事都往好笑处想想,很快就自洽了!**别只在乎你的消化系统,多关注下你的笑话系统,绝对有助消化!**

界定一个人活得好不好,不是成功、富裕与否,而是有没有趣。毕竟我们所有学习到的知识与经验,最终目的都是要让自己心悦地爱上生活。

在艰辛的工作中找到乐趣点,在平淡枯燥中做自己的惊喜。

我录节目时遇到过一位公交车司机,他在车厢里各处放了一些花花草草的小植物,还有画作来装点,他每天都精心照料,还时常换新。

别人问他:这也不是您本职工作要做的一部分啊?

他说:对,这不是我本职工作的一部分,但这是我的一部分。

生活得可爱,才会有可爱的生活。有的乘客看到车厢里那些装点,会猜想这位司机师傅葫芦里卖的是什么药,人家师傅葫芦里根本没装药,只装心里提纯出来的糖。

给自己找乐真的很可贵且好用,在不堪的困境面前,能把自己逗乐了,心境起码好一半了!在输了的时候,你能自嘲着哑然失笑,就已经是赢了。

再比如,你背后咄咄别人,被人听见了,她当场质问你是不是在咄咄她?

你说:区区(咄咄)小事,何足挂齿。然后伸手去拍拍她。

她又问:你伸手拍我干吗?

你说:因为我能屈(咄)能伸!

嗯,好吧,这不是找乐,而是找揍。还是说个真实又沉重的事吧。去年,我有位朋友要和他相伴十多年的妻子闹离婚,他说他很煎熬,父母不让他离,朋友也不让他离,谁都不让他离,问我该怎么办。

我说:那你去找孔融啊,因为孔融让离(梨)。

自洽法则

—

先爱上笑,生活才不会显得那么糟。

幽默是对困境的蔑视与超脱,别在意尴尬,不乐是你傻。正如当一位病了的亲友能开玩笑时,你便会松口气,感到他的灵魂又激活了,像在清晨拉开了窗帘。

找乐能帮我们愉快、平和地面对并度过逆境。虽然我们要相信美好,但有时执意期盼着逆境变顺境,"明天会更好",反而更让人不安揪心。

破局的思路是,不盼着明天会更好,而是认知到,现在就挺好!

正因为对此刻的难以忍受,才造就了无尽的烦忧。**如何让此时此刻变得更有趣?** 是做我们活着最该去想、去做的事。

我们都要反复提醒自己一句废话：**现在就是现在！**

昨天的嘴里吃不到今天的炸鸡，明天的汉堡喂不饱现在的自己。对过去的遗憾和未来的担忧，覆盖了本应该可以用来享受的此刻，一直在悔恨与不安中错过现在。夜不能寐、食欲不振的时候，你肯定了解"事已至此，先好好吃饭"这么容易的一句话，能做到有多不容易。现在不是过去，现在不是未来，现在就是现在！

那么，要让生活的此刻变有趣，就要主动去锻炼快乐！

快乐是一种机能，像身体的肌肉一样，越不锻炼它就越麻木、迟钝，丧失了感知它的能力。人生重要的不是做过多少事，而是主动做过多少事。我知道，"自律"这个词对于很多人来说，主要是用来减肥和学英语的，咱们再加上"锻炼快乐"这一项呗。

生命的每一刻里处处有奇迹，在意想不到的地方都能挖掘到快乐。

比如和你喜欢的人在一起时,光玩儿他的手指头,就能玩儿很久。我录节目时还给大象洗过屁股,象农让大象躺在小溪中,他发了我一块光滑的鹅卵石,教我如何给大象洗澡搓背,我小心仔细地学着,当洗到象臀时力道更轻柔了,大象看我的眼神都变陶醉了,舒服得直缓缓蹬腿。世间万物的遇见就是这么温存,那一刻,它,找对人了,我,找对象了。

哈哈,是的!只学习不玩耍,聪明小孩也变傻。要怎样挖掘、锻炼快乐呢?那就要学会——

放大快乐!

抽象的做法,就好比把一个本名叫张伟的人,放在放大镜中看,他就成了——大张伟!

具象的做法,比如,你难过时,把饮水机两边的冷热水同时打开,蹲在它旁边,要它陪你一起哭!哈哈,甭说,真的去这样做,光想想你就被逗笑了,是不是?这就是在放大快乐!

再比如,你容貌焦虑,觉得自己不漂亮,没自信。那你就去健身房,随便请个健身教练,他会一直夸你

"漂亮！"。你只需箭步蹲标准点，他准会夸你"漂亮！"；你只需高抬腿超过5个，他还会夸你"漂亮！"；甚至你都不用上器械，只要各种拉伸动作做得尽量标准些、次数多些，而且你表情越狰狞，他越使劲夸你"漂亮！"，这也是在放大快乐！

又比如，你在加班，坐工位上很烦，总盼着去探访享受风景如画的大自然，但没法去。别干遗憾，既然你要风景如画，就把电脑桌面换成想去的那个地方的风景画，投入地先看着、畅想着……然后，放大快乐！突然丹田用力对着电脑大叫：漂亮！

哈哈！我的意思是说，不要忽视微小的快乐。有意识地在不开心的经历中，找到哪怕是很小的乐，将其放大，也会助你更舒心地度过困境。平时，我们更要主动去多发现、多创造些生活中的小欢喜，将其放大，脑补好玩儿情节或刻意延伸感受快乐的时长。

据说，大脑短期记忆转化为长期记忆，最短需要集中注意力8秒，比如看到了好笑的节目，遇到了有兴趣的事物，产生了莫名能逗乐自己的笑点，就在这些个美妙的时刻里，多停留一会儿，强化美好的感觉，使其化为生动铭心的记忆。因为在回忆中，不会记得快乐的长度，只会记得快乐的强度。

就这样把放大快乐养成习惯，当你路过湖边，看到一只浮在水面上的小鸭子，都要向它打个招呼问候一句：你好呀，在这儿泡脚呢？

哈哈！

一张看到就心情好的照片，一首听到就会放松的歌曲，一种闻到就很舒服的味道，用你的方式把它们存住，在以后不安难挨时就调出来回味，即刻触发胸中的暖意与愉快。

就算你感受过了很多好笑好玩的事，还是要故意让自己保持笑点低些，对有趣敏感些，这样总能把本来难受的事当即转为开心。

有次我去吃火锅，那是真辣呀！谁说时间能冲淡一切？都快过去两个小时了，为什么嘴里还那么辣？哦，可能是因为我一直在吃吧，哈哈。后来快吃完时，在餐厅里就开始闹肚子了，我赶紧去洗手间，到了门口一看，一堆人在排队，排我后面的人还抱怨：真够急人的，这排的是什么队呀？

我顺口说：啦啦队呀。

那人爆笑，从包里拿出一个放大镜看着我说：你是大张伟吧？

哈哈，放大快乐就是这个意思，请自行发散运用。也许你觉得自己不擅长幽默，但幽默不是重点啊，重点是你能走路就会跳舞，你能说话就会唱歌，不优美、不好听怎么了啊，标准都是别人定的，用自己的方式让自己舒心痛快了最重要！

是的，你是马良蘸着彩虹画出来的，被自己的可爱咬一口，甜筒顶额头，化作一只独角兽吧！

不过，确实得说，放大快乐有的时候可能会引发看似"缺心眼儿"的情况，但如果那是件以后让你每次想起都会嘴角上扬的事，即使"缺心眼儿"也值得去做！

07
频频肯定小欢喜

别把快乐总建立在容易失去和来之不易的东西上，要建立在容易获得和手到擒来的事物上。**有意识地去发现快乐，频频肯定每天中的各种小欢喜**。对亲历的各种小欢喜感到收获了好心情，就即刻打钩"确认收获"！

★ 小欢喜一 ★

吃到了一顿好吃的或赶上一件凑巧幸运的小事发生，放大快乐！开心地说："太棒了！真是美好的一天啊！"即刻肯定强调自我的愉悦感。

重点就是要——说出来！

"开心！""对！特别好！""真不错嘿！"把你顺嘴的各种词汇说出来。

反正我是说出来的，您要是特内向腼腆，社恐到每次跟别人聊天都要靠托梦，那心里说也行。只是我总觉得现在的生活环境干扰噪声太多了，心里话很容易被盖住。"确认收获"时，就确信地说出来吧！

遇到不耐烦、不顺心的事，也要随口叨叨说出给自己打气的话：没关系慢慢做；我可以的；一会儿就完事了。

遇到朋友不顺心的时候，也要及时说出鼓励的话。我记得有次去安慰一位女性好友，事业上的受挫让她都哭了，我语重心长地对她说：虽然你的眼泪只有你自己知道，但我知道你一定会好起来的！

她当时正哭着,一下就止住了泪水,对我说:这儿是女厕所,你是怎么进来的?

哈哈,反正重点就是要——说出来!

★ 小欢喜二 ★

对心血来潮的想法,要放大快乐!**那种光是想一下就会快乐的快乐,一定要尽快实现它!** 一般这种劲儿过得可快了,不尽快实行,就又失去了一次欢乐的机会。

比如,有天不年不节的,你心血来潮就是特想办个搞怪化装聚会,那就去办啊;有天也不怎么了,你心血来潮就想买个包公的手办,仅仅是为了收到快递那一刻,你开封时,可以超应景又贴切地高唱:"开封有个包青天!"

哈哈,心血来潮的好玩想法多去实行吧!多一分远见,少一分刺激。长远的眼光虽是理智的,但有时也是无趣的。美好都留给了将来,那当下的苦闷就必须忍受吗?靠各种心血来潮的小欢喜点缀,有助愉快地度过生活中较为苦闷的部分。

喜欢二次元的你，还可以把已经拥有但依然很喜欢的东西，重新包装下，当作礼物再送给自己一次。这样你与曾经跟你那么有缘的东西，就有了"二次缘"。哈哈，既然人能做到视而不见，那就能做到视如初见。重新放大快乐！

★ 小欢喜三 ★

如果有时你感到些许孤单，需要高浓度的陪伴，那就把家里的蓝牙设备，设置成梦中情人、偶像的名字，这样当你用别的蓝牙设备与它配对连接时，就会显示或语音提示，"×××和你配对成功！"偶像从此永远与你的爱"已连接"！放大快乐！

要是你"脱粉"了，还能具象化地去"断开连接""取消配对"。

★ 小欢喜四 ★

有很多书上建议，睡前在心里对自己说出三件当天开心满意的事。很不错！我再来推荐个醒来时的放大快乐法——把手机起床闹铃设置成万人掌声！你想想，每天在欢呼与掌声中被叫醒，多么受鼓舞、多有趣呀！

当然，你不用像我这么爱慕虚荣，把手机起床闹铃设置成我的歌，爱慕我就可以了。

哈哈，重点是，**要为每天醒来察觉到你是你，而感到无比欣喜！**

这听起来荒唐的做法真有好处。您琢磨琢磨，闹钟给人带来的是什么感受？当然是压力啊！它代表着必须起床去做某件事了。虽然我们都习惯了这种压力，但每天醒来的第一个反应就是被压力叫醒，日积月累，肯定活得不开心。所以，把闹钟的铃声换成能让你解压、舒缓、有自信的，对新的一天绝对是种超有益的潜在激励。

睁眼起床后，至少十分钟，别看工作信息与媒体新闻，因为或多或少它们都会给你带来压力与不安。所以，别让自己在一天开始时就马上接收负面情绪，真犯不上那么着急去受罪。

先伸个懒腰，拥抱下美好的一天！然后平和地洗漱收拾好，看看阳光，闻闻香气，给自己至少十分钟的安然后，再走进这个未知的今天吧。

★ 小欢喜五 ★

为自己有意地多鼓掌！世间万物都会随你开心，除了蚊子。

我知道有时陷入失落，感伤自己付出了那么多，却无人喝彩，心里是真憋屈。终究我们支配不了别人，但这也是好事，这就代表了，**除了你自己，没人能让你痛苦；除了你自己，更没人能给你快乐！**咱们就随时自我关怀奖赏，多给自己鼓掌，就当听个响！

你问：这么做傻不傻呀？

我说：你让自己不高兴傻不傻呀？请现在就把书放到膝盖上，对着书鼓掌十秒钟！

谢谢！为自己多找乐，开动你的脑力激励自己行动去吧！别总被一点点小事就惹毛，实在不值当，还累得慌。放大快乐！刻意提醒自己，去做个为一点点小事就开心的人吧！

让阳光撞怀中，心如一道绚烂的红！

08
奔向你的光

对于我来说，特别能放大快乐的，当然是音乐！

生活中的我就像漂在海中间，痛苦想让我沉下去，快乐想让我浮上来，而音乐就是我的救生圈。音乐不断地唤醒着我的自我燃烧！它如隐形眼镜一样，眼睛虽然看不见隐形眼镜，但隐形眼镜让眼睛什么都看清了！我通过音乐看到了自己无限的可能，看到了世上不存在的色彩，它让我有太多次醒着在做梦的感觉，甚至有种往上升的忘我，它给我顺流而下的快乐，也给我逆流而上的冲劲！即使有时现实的冰冷对我"冻手冻脚"的，但音乐的火总能让我暖和过来。

我爱音乐到什么程度？有次用无线耳机听歌，听到没电了，我立刻把电动牙刷头插到耳朵里，假装接着听歌！那歌听起来不仅扎心，还扎耳朵呢。陶渊明弹没有弦的琴，是因为他超然的精神，我听没有声的歌，是因为我超燃的神经！激荡得让我天翻地转咆哮着呐喊！

音乐对于所有人来说，都是个非常美好的兴趣，我不相信世上有不喜欢音乐的人！如果有的话，我代表整个世界为他感到悲哀！

多培养各种兴趣爱好，更是特别有益身心的放大快乐法。

你意识到"多一个兴趣就多一份快乐"的超值了吗？在兴趣中的快乐，是自动放大的！

比如喜欢泡澡的我，就比不喜欢泡澡的人，在生活中多了一份开心。

你擅长打球,就比不会打球的我,多了更多乐趣。

要知道这个世界上并不存在更好吃的食物和更好听的歌,同一份食物和同一首歌,对其更有兴趣、更喜爱的人就会获得更多的欢乐。

兴趣浓厚者才能浓厚地享受一切!

我们总被督促着要去干大事。什么才算真正的大事呢?如果有一件周六才能去干但你从周三就开始为它雀跃不已的事,那件事就是大事!

记得上学时,有一阵同学们特别爱玩桌游,但我玩得不好,总被一起玩的同学骂。后来,我苦练了一整个暑假,功夫不负有心人,开学后再玩时,他们全都——骂不过我了!哈哈。

培养兴趣有什么目的?兴趣没有目的,因为兴趣本身就是目的。

你认为"事情做不到尽善尽美,还不如不做",他认为"尽管去做就对了",都没错,但他肯定比你得到的快乐更多。任何感兴趣的事都先多去试试玩玩,勇敢地去"半途而废"，半途不行就废掉，兴致没了就换下一个。

所以，不要急于批评否定自己，更别被别人忧心的逼问吓到，他们会问你：喜欢这个有什么用？为什么要喜欢那个？其实他们唯一该替你忧心的是，你怎么什么都不喜欢？

无论你喜欢做什么，都比什么都不喜欢做要开心得多得多得多！！！

你非要说：我喜欢做的就是，什么都不做。

那你以后出门前都得练轻功，哈哈。去探索更多的可能吧！**结果可能好，也可能坏，但好坏不重要，可能最重要！**

我要承认的是，我也没有太多兴趣爱好，确实要多多督促自己培养！得失心和在意结果，导致了对兴趣的实行与投入不足。咱们既然要做个注重取悦自己的人，就要把虽然可能没什么大用，却能乐在其中的事当事！

除了兴趣，最最能放大快乐的就是——去做你热爱的事！

不理解你的人会质疑：做那件事有什么意义呢？

我个人认为，最没意义的事就是，在一件事里非要找出点儿意义。一切无所谓意义、没什么意义就对了！这样我们才会禁不住把自己认为美好的事物，热烈地塞进生命之中，于是一切便有了意义和无限活力！

如果你向来做什么事都只有三分钟热度，唯有那么一件事在你心里反复，那就一定、一定、一定要去做啊！**生命让我们经历各种事物，就是为了让我们找到心中确信"这就是我要做的"那件事！**

不去做的话，就是对自己彻底的背叛！我们日后会或多或少地厌恶自己，就是因为抹杀了自己曾经的天性与"天命"。别一生在瞄准，从来不开枪。那件事是你生命的种子，你的生命力会在那里发芽、怒放！

自洽法则

在墨守成规的人眼里,你的激情是盲目的。
但让他们目盲的,正是因为他们没有了激情。

不要被那些投降了乏味、顺应了规训的人嘴中的"不务正业"吓住,去做你热爱的事,你不需要向任何人解释,尤其是你自己!一腔孤勇,不问如果!

那些人还会嘲讽说:这可不是个聪明人的想法。

但请相信,你找到了情不自禁要去做的事,整个宇宙会合力助你实现愿望的!

请相信,这是真的!

这就是为什么我在青少年迷茫期看《牧羊少年奇幻之旅》会被彻骨地激励,这对我影响太大了!牧羊少年相信自己的梦是真的,为这个信念就踏上了冒险之路,如果他是个所谓的"聪明人",绝不会轻易地相信一个梦。正如故事后面的那个匪徒，就是个聪明人，他认为只有傻瓜才会相信一个梦。而再也不相信梦的人，才是真正的傻瓜。

请傻傻地、坚定地去奔向你的光吧，朝着一个方向疯狂奔跑吧！整个宇宙会合力助你到达梦想之地的。

请相信，这是真的！

09
带着悲伤一块玩儿!

我姑且天真地以为,你看到这儿,已经高兴了一捏捏。

你说:并没有,这本破书就是逗自己玩儿,幼稚的乐观主义!

哇哦,义正词严的您,让我越发肃然起敬了呢!好厉害啊,您是盘古开天地时跟着劈过天呀,还是女娲造人时帮着甩过子儿啊？如您所述，就算是幼稚的乐观主义，那您是更看重幼稚，还是乐观呢？但凡能助你乐呵了一点点，是不是就不虚此读？要是您只在乎文字的严谨与深刻的话，您是不是傻？看这本书干吗？快戴上豪华车司机式的白手套，拿起精装限量版《新华字典》，去做——自印刷术发明以来全世界书刊中的错别字统计吧。

哈哈，开个玩笑！我要说的重点是，咱们不逗自己玩儿，命运也会逗咱们玩儿。

你没觉得命运有时就是在调皮地捉弄我们吗？好像无论遇到什么好事，它都不允许我们高兴太久。据说，这是基因、自然选择、大脑这个团伙的小九九。

它们说：快乐享受的感觉必须短暂，如果任由快感永久，你们就不会想要再去追求更好、更快、更高、更强了，这恰恰是让你们前进的动力，我们用心良苦呀。

咱们听了都纷纷露出蒙娜丽莎般一抹浅笑，心想：行，你们就仗着我们斗不过你们，可劲儿折腾我们吧。

对命运开的玩笑,我们向来反应迟钝,一般都是过一阵或很久才会恍然:哦!原来笑点在这儿呢!

比如,你曾为了一个人伤透了心,闹得要死要活的。

请问,过些年后想起来,你是不是会笑自己当时怎么那么傻?

再比如,你为了一个目标煞费苦心了年深日久,可就是劳而无功,就在心灰意冷、山穷水尽时,你破釜沉舟地孤注一掷了一把,爱怎么着怎么着了!嘿!绝处逢生,居然柳暗花明得,一下逆袭了!东山再起!

请问,这段话里共用到了多少个成语?

哈哈,不是不是!请问,这不都是我们后知后觉才明白过来的命运笑点吗?

这些笑话的开始和过程都很不好笑,把人搞得变成了一件乐器——越响乐器(越想越气)。可到了后来,也不怎么了,越琢磨越好笑,于是你就和命运组成了一个乐队——越琢磨乐队（越对）。

什么破玩意儿，哈哈。命运跟我们开玩笑，我们就呼应它的莫名其妙，互相逗着玩儿，这才叫作彼此尊重。顶撞、反抗或毕恭毕敬，对它来说都是种冒犯。

不管是拍案叫绝的笑、后知后觉的笑，还是觉得不好笑时无奈的笑，什么样的笑都不要紧，要紧的是——要笑！

而且要相信，命运是我们的 bro，也是 bra[①]，但不管是 bro 还是 bra，都会罩着我们的！哈哈，如果你认真了、生气了，就扫了它和自己的兴，别那么不识逗。如果你习惯了挣扎、较劲，总对命运表示不满、沮丧，那新的倒霉事就会接踵而来。别"犟"人精神太强，总想展开犟犟，你是命运中的猛将，不是跟命运猛犟好吗？

咱们再琢磨琢磨，已拥有的那些美好，是不是大都是莫名其妙地就发生了？在自己的预料之外？如果

---

① bro，即 brother 的缩写，意为兄弟、哥们儿。bra，意为内衣。

是的话,那就对接下来遇到的一切人、事、物,保持友好开放吧。

自洽法则

悲伤了又怎样?那就带着悲伤一块玩儿!

我看新闻里说,有个比米开朗琪罗还开朗的孩子,他同学得了自闭症,怎么也不愿意出家门。他就把那个同学硬背着出门去玩儿,用他妈妈的 bra 当弹弓,装水球,打他爸爸的 bro,结果愣把自闭症的同学给玩儿开心了,病也好了!

您看看,你拿命运没办法,但其实命运拿你也没辙。

玩儿——是我认为最积极有"笑"且自愿参与的心态了。非常可惜的是,我知道有些人从小一直被家人压制着玩儿的意愿,导致长大后终于可以敞开了玩儿时，却丧失了玩儿的愿望与热情。那一次一次曾沸腾汹涌的快乐，都生生地被凉成了凉水。

爸爸的 bro 说：去他的吧！把凉水再烧开了，一起组个乐队吧！压抑死了，但摇滚不死！

哈哈，而且"玩儿"在给自己台阶下时，特别好用！

💡

自洽法则

事情没做好，可以对自己说：
随便玩玩别在意。事情做得非常好，
可以对别人说：随便玩玩没什么了不起。

话都让自己说了，心里的堵塞两头通了。

你知道玩儿这种心态可以通到什么程度吗？即使明天就是世界末日了，别人哭哭啼啼，爸爸的 bro 却为自己能在有生之年体验到末日而感到无比激动兴奋：耶！太好玩儿了，都玩儿完喽！

10
换个角度想，
豁然就开朗

你是怎么样，世界就怎么样，只有你的眼光改变了，世界才会因此焕然一新！新的景观要靠新的眼光才能看见，在困境中，改变自己的视野非常重要！打开自己去体验下生活想让我们体验的东西呗，咱就把自己当成一盏灯，灯只有打开自己的时候，才会发光啊！

那么，当你被"不变"困住的感觉大于对"改变"的畏惧时，就是该改变的时候了。而我们活到现在，好像除了尿炕改了，别的什么也没改过来。改变确实挺难的，需要想些以前没想过的角度，做些以前没做过的事，而这些却又正是以前的观念里所不赞同，甚至是嫌弃的。

你说：没错！自洽什么自洽，还在烦恼中找乐，听上去就是个笑话，都是耍嘴皮子！烦恼、麻烦真碰上了，人都会开启本能自救模式，着急解决问题还来不及呢！

但是要知道，每当走过答案，就会进入下一个问题了。问题是解决不完的，但架不住您勤快，可勤快也没用，还有解决不了的问题呢。

那您怎么办？依旧忍气吞声，压力瞬增，双脚愤蹬？此处双押了啊！

生活中遇到了问题，咱就先审题。有些人的反应是——不审题，直接急！难道十二生肖您是属驴的吗？八风吹不动，一屁过江来。遇到问题就原地尥蹶子，别人都不知道打哪儿下嘴劝你。发脾气就像咬了一颗会更狠回咬你一口的果实，自食其果，谁见谁躲。请与负面心理活动保持距离，想想有想想的答案，再想想有再想想的答案。

先审审题，也许你就会随地恍然大小悟：有些问题，不去追问，才能听到回答；有些问题，在理解了的那一刻就解决了；有些问题，不去解决，它自己就解决了。

自洽法则

一

**什么对错的，错了就对了！不错哪有对？
这世上曾发生过那么多让人惊喜的误打误撞，
还将错就错地源远流长，这就证明了，
有时就没有比错更对的事了！**

换个角度看问题多自洽！洽得你上头，以后就这样，能洽多洽洽。多加练习，习得自洽！

哲人说，真正困扰人的并不是事物本身，而是看待事物的角度。

我太认同了！快乐是一种选择，并不是一个事实。境随心转而悦，只要你真的决定要过得开心，那就一定能如愿！生活给了我们多少积雪，咱就把积雪化为"鸡血"，唤来又一个热情的春天。

我知道你会觉得，虽然"凡事发生都利于我"的确是句非常管用的心经，但怎么也有无法用这句说服自己的时候，心里卡住了，就是找不到利处时，怎么办？

那咱们就这样想，如果注定要淋一场大雨，所有人全都得成落汤鸡，难道就一定要哀怨自己的狼狈吗？为什么不能在雨中蹦蹦跳跳地边走边唱呢？

在"苦难"这个悲观的大词面前，把自己活成一个动词！风雨中走的每一步就成了动词大词（动次打次）的蹦迪，自得其乐地在泥泞中玩儿泥巴！

要是你死板无趣地不懂变通，即便给你哆啦 A 梦的任意门，你也只会用来送快递。

看待事物的角度决定一切。同样是繁华喧嚣的大都市，有人看来是令人向往的，有人看来是令人窒息的。你说大海好壮丽，他说还淹死过人呢。她说遗憾也是美，我说错过拍大腿。书里说，要出去闯，船停在港口是安全的，但那不是造船的目的；我爷爷说，要想活得久，就别到处走。

例如翻滚过山车，本身只是个游乐项目，我是过山车迷，出去旅游到哪里都是先找当地游乐园的过山车去玩儿！但我也见到过一位朋友，她怕得哟，还没上车，在车跟前就抖得像要被删除的手机 App 似的。

我问她还玩儿吗？她说玩儿呀。我说那您倒是迈腿上车啊。她说我迈腿了呀！我说您根本没动啊。她说我动了呀。我说抖动不叫动，您得真动啊，迈腿上车呀！她依然在原地，没动窝地狂抖，吓得口吐白沫，后来她就——去代言电动牙刷了。

哈哈，在我不知道什么是螺蛳粉的时候，有次我误走入一家卖螺蛳粉的餐馆，没进门几步我就产生了一种错觉：我是走进了谁的鞋垫里吗？这是什么味儿啊？！

但是看看餐馆里的人，居然都吃得挺香，津津有味的！

服务员还热情地跟我打着招呼：先生，里边请！

我原地立刻开始唱杰伦的《牛仔很忙》：不用麻烦了，不用麻烦了……

自洽法则

换个角度想，豁然就开朗！

然而，再有见地的说法，没有亲身体验的确信也是废话。现在咱们进入腥风血雨的现实生活中实践下。

你上班的公司里，上司和同事的行为举动总让你愤慨、无语，你觉得他们说话办事是那么矛盾、滑稽、蛮不讲理，但是你又离不开这个环境，怎么办？

自洽法则

–

把煎熬中的境遇看成
sketch 搞笑短剧!

非对着他们天天生闷气干吗，把他们看成是在上演搞笑短剧，心情顿时豁然开朗！你说看他们荒谬讽刺的戏码，跟看 sketch 有什么区别？你作为观察者角度，把自己当观众，立刻得到了取悦。如果必须参与其中，就把自己当助演嘉宾，陪他们一起演得冲突迭起，不抓马还不尽兴呢！

这样，你以参与者又是旁观者的角度看待事物，还体验到了一种奇妙的乐趣！

这就是心理学中的 ABC 理论，A 是诱发事因，B 是看法角度，C 是情绪反应。咱们想要心情"优速通"，就要抓住 B，改变 B 的角度，C 就没那么糟糕了。

比如，A：你失眠了；B：你焦躁地辗转反侧，被子怎么盖都不舒服，双脚乱蹬；C：你被自己气得一宿没睡着。

如何让C的糟糕状况不发生？不是去改变A，因为很多时候A是无法改变的，你但凡不失眠，也不至于会失眠。解法是，去改变B！

把B改成：你焦躁地辗转反侧，被子怎么盖都不舒服，双脚乱蹬，越蹬被子越高，还转了起来，感觉自己像是在表演印度飞饼一样。

于是C就变了，你被自己荒唐的想法逗笑了！心情一放松，肌肉也放松了，于是肢体更加伸展自如，被子被你蹬得更高，转得更顺了！就这么一直玩儿到了天亮！

哈哈！咱们往常一被什么人或事惹不高兴了，就立马能想出一万个令自己应该恼火的B，加重放大别人过错的细节，还悲壮得立誓绝不善罢甘休！

自洽法则

多想出些劝自己不恼火的B，把这些B存在盒子里，就成了 B-Box，C 跟着手舞足蹈去吧！

正如前面说过的那段，被老板骂或被别人指责、嘲笑时，就把他们的语言当作听不懂的外语，这种转换角度看问题的方法，在缓解负面情绪时也超好用。弱者选择抵抗，强者选择接纳，智者选择忽略。跟着贝尔去冒险，不如像个耳背听不见。

我有一朋友特怕玩儿鬼屋和密室逃脱之类的，总被 NPC（非玩家角色）吓到。有次她去国外，被朋友架着不得已去鬼屋玩儿。外国 NPC 凶恶地对她咆哮，因为当地的外语她听不懂，且发音还很奇怪，她当场被 NPC 的咆哮咆笑了，笑得停不下来，愣把凶狠的鬼给尬跑了，哈哈，她的恐惧立刻全消。

自洽法则

把不想听的斥责、嘲笑当作听不懂的外语，比假装听不见更有效。

此处突然给您来段我自己编的寓言故事——

有一只蜗牛在棵参天大树上爬，树半腰上的一大群猴子看见蜗牛，对它挥手大叫：别往上爬了，你疯了吗？上面可高了，一不小心掉下来，你就会摔死的！

蜗牛听不懂猴子们的语言，还以为它们是在为自己加油呢，于是更起劲地往上爬。

最后，蜗牛终于爬到了树顶！在顶部的树干上，它看到了那些猴子都看不到的一样东西，是一个牌子，牌子上写着四个字：**禁止攀爬**。

哈哈，给自己办张心情优速通，多转换角度看事情，快捷心不烦！

11
最有效的偷懒

既然转换角度的这个思路这么好用,那咱们就再延伸下。

有句特别对的话:想都是问题,做才有答案。

没错!自己遇到困难,撸起袖子就是干。如果遇到了自己解决不了的困难,那就撸起别人的袖子让他干。

别人说：你撸我袖子干吗？我又不认识你，你是不是脑子有问题？想什么呢？

你说：想都是问题，做才有答案。

别人说：那……我也撸你袖子！

于是你们俩玩起了互相撸对方袖子的游戏，完全忘记了遇到的困难。

哈哈，好吧，说正经的，转换角度的这个思路可以用来以毒攻毒！

如果把拖延症配上易怒的话，每次刚要发火，就拖延症发作，想：算了，待会儿再生气吧，待会儿要是还没生起来气，那就明天再气。

到了明天，你突然想起来说：欸，我今天是不是该生气了？我为什么要生气来着？哦对了，有人撸我袖子！

哈哈，"拖延"不是没有行动，它本身就是一种行动，有时还是反抗困境的行动，别全盘否定它。关键看怎么找到有益的角度，把拖延症放在哪儿。

自洽法则

垃圾是放错了地方的宝藏!

要是把拖延症全放在不良习惯上,就成了好事,就成了变相自律!

每次要抽烟,马上拖延症发作:算了,还得找打火机,明天再抽吧。

要吃夜宵,马上拖延症发作:算了,还得张嘴,明天再吃吧。

要刷短视频,马上拖延症发作:算了,还得睁眼,明天再看吧。

你说:等会儿吧,这些跟自律或者拖延有什么关系?这不是懒吗?

我马上拖延症发作:算了,还得承认你说得对,明天再认吧。

哈哈，咱们主要玩儿的就是个打开思路！我个人认为拖延症都是被自己吓出来的，被非常不精准却可怕的预感拿捏了，越拖越怕，越怕越拖，恶性循环，天性自动趋利避害的我们能不躲吗？那么，可破局的方法就是——想到就去做！

学者研究表明，专注地做事比心不在焉地做，完成速度要快七倍。

自洽法则

-

专心做事才是最有效的偷懒！

那些你不得不做与势必要做的破事儿，例如做家务，其实并不是在阻碍你的玩耍休闲时间，你拖着不做才变成了真正的阻碍。

只要你把家务专注地尽快做完，家人看到一定会欣喜地让你做更多家务！

你说：这有什么好开心的？我躲的就是这个呀！

哦，那你倒是早说呀，我这儿还有三双袜子和四件T恤等着你洗呢，哈哈。

我知道自律是主动要求自己用积极的态度去承受痛苦，延迟满足感。对咱们有好处但没意思的事，确实不想做或想不起来做。反正自律和不自律都得吃苦，不自律的苦以后总得吃，还越吃越苦；自律的苦吃了就变甜，还越吃越好吃。为了口好吃的，咱们都愿意等位排队、跋山涉水，为什么就是不愿意自律呢？

有本书介绍的是养成微习惯，很靠谱，值得学习。里面说去做些简单到不可能失败且对自己有好处的事，完成那些个微目标，就得到了超甜的收获。

比如一个人每天坚持只需早起20分钟，一个月下来就是600分钟，等于10个小时，10个小时呢！这为自己赢得的10个小时，完全可以再用来……补觉啊。

哈哈，我知道"坚持"这个词，光看到就已经不想坚持了。纯靠坚持去改掉坏习惯，其实心里还是把

"坏习惯"看作是件开心向往的事,仅仅是因为它对我们没好处或不够健康,就得委屈自己不能享受。

💡

自洽法则

-

咱们不跟自己非说"坚持",全部改称为"顺便"。

想锻炼身体,每天顺便做五个仰卧起坐;想学外语,每天顺便背三个单词,积少成多……顺便成了常态,也就养成了甘甜的自律。

我看另一本书上说,如果想戒掉某种难以抗拒的坏东西,就把那个东西放到远处,减少触发频率,从惯性中抽离,要建立至少 20 秒才能接触到的距离。也就是说,把烟全都放到邻居家里,想抽就去他家抽。他家要是不让你抽,你就说:没关系,太好了,正好不抽了,那我就在你卧室里顺便做五个仰卧起坐,再背三个单词吧。

12
已在幸福之中

几年前有份很搞笑的诺贝尔经济学奖得主的论文，研究的是人生的随机性成功与失败。

研究表明，想要得到普世认为的成功和财富，光靠努力和才能是不够的，还要靠足够好的运气。因为生命的时长是有限的，要在有限的时长里把日子过得顺遂，运气好肯定是关键因素。

但这就让人郁闷得迷茫了,运气这事儿也太玄了,如果一切世事都是随机的,那我还努力奋斗什么啊!

紧接着有位就是这么想的学者,又做了个实验证明,运气的好坏是来自一个人是否乐观。因为乐观的人不太关注生活中的不幸,只关注自己幸运的部分,看待事物天然地更开心,视野也就更宽广。所以越乐观的人,就越容易发现更多的幸运。

确实,如果只关注不幸的部分,就失去了看到其他美好部分的视野。绿灯给你的时间再长,你根本不看也不过马路,只在路边骂骂咧咧,人家是《芝麻街》①,你是直骂街,怎么通向幸运的地方呢?心境就像社交平台一样,越关注什么,它就越给你推送什么。

关键是什么,你知道吗?悲观的人在一生中难过的总时间,要比乐观的人多八倍以上!

真的!

---

① 《芝麻街》(*Sesame Street*)是美国一档儿童教育电视节目。

这个数据真的是我瞎编的！哈哈，但听上去是不是特像真的？那就说明你也认同乐观的人快乐多。

快乐的秘诀一定非常简单，要不然所有人早就掌握了，因为不由自主地把简单的事复杂化是我们的通病。我们总认为没这么简单，不甘心那么简单，非给自己和他人上难度，把衣食住行所有东西搞得更难以获得，把情感交往人际关系搞得更难以捉摸，让万事变得比本来的要曲折很多，只为凸显没必要的珍贵与诚意。

我们觉得老生常谈的道理不可能是追寻的答案，所以离幸福快乐越绕越远。再有道理，不摔疼了不听，历尽一大圈的艰难才恍然，原来快乐就是这么简单。

快乐的悖论就是，一方面总感慨烦恼心魔太多，得到快乐不易。另一方面，没有比快乐更简单的了，直接去做快乐的事不就得了嘛！

有歌就唱，有屁就放，凡是让我心动的，都是幸福的模样！

哲人说，唯有悲观净化而成的乐观，才是真正的乐观。

但如果你本身就是个天生乐观、凡事倍儿想得开的人，在我眼里，你不仅仅是有福报，哲人又算什么，您简直就是位活神仙！所谓人生赢在起跑线上的，其实就是你！但名利权和知识，只能使自己壮观，而不能乐观。拥有和知道的越多，需要顾及和分析的也越复杂，反而更不容易得到简单的快乐。

有的人吃到口好吃的就能开心好久！看到一朵可爱的云都觉得幸福极了！

你认为这种人没有大追求？恰恰相反，一堆有大追求的大师研习了大半辈子心法才达到的境界，这种人天生就自带了！他们的眼睛就是快乐的放大镜。

一个悲观的人赶上了欠债不还的事，只会苦苦哀求别人还他钱。而乐观的人遇到同样的困境，会把自己的名字改成"朱格格"，因为钱不还谁，也要"还朱格格"。

哈哈，此处要说清的是，我并不觉得悲观完全不好啊，悲观也有很多好处。例如会自动合理地降低期待、及时止损、提高警惕，更有助于文艺创作。

你说：唉，我就是特悲观的一个人，别人背着背背佳，我是悲到悲悲家。悲得我每天发型梳的都是大悲（背）头，坐飞机攒里程攒的都是里程悲（碑）。

这位悲悲家的悲悲，希望你即使再悲观，也要在心里始终保有一份温暖，做个保温悲（杯）。哈哈，其实天性、性格没有好坏之分，找到自洽法则都能活得称心。

我也是个微偏悲观的人，咱们来一起习得乐观吧！

我看过一位受世人景仰的勇士自传，他说他受摧残虐待时也害怕，并不是无所畏惧，只是让人看上去觉得他无所畏惧。为了鼓舞他人和自己，他必须——**做到先于感到。**

也就是说，咱们和勇士的差距在于搞错了顺序，以为勇敢是要先有勇敢的感觉才做勇敢的事，人家是先做到了勇敢的行为，至于什么感觉再说。

你说：可是凡事不都要先想明白了再做吗？

我可以笃定地说，咱们想不明白。你又忘了吧？咱们可是智慧有限公司的，你的名字没准儿都是你爸妈他们俩一拍脑门儿就定了的，要是凡事都想明白了再做，你到现在都上不了户口。

人家圣哲去树底下坐着，能冥思悟出真谛。你去树底下坐着，晨练要拍树的大爷会认为你占他地方了，你不走，他再不小心地故意拍你脑袋上，怎么冥思？虽然每个人都能成为自己的哲学家，但顿悟真理之类的需要极高的天赋和机缘，不是每个人都有能力和必要去做到的。

不要总想着怎样成为乐观的人，直接去做那个人吧！

如同你想做个好人，就直接去做好事，而不是整天论证怎样才算是一个好人。

以前你总是按照自己活的方式想，现在去按照你想的方式活吧！

你说：可是我没法做别人，只能做自己啊，江山易改，本性难移啊。

是是是，做自己是种骄傲。但要是这个自己让你时常不快乐、不自洽，还骄傲个什么劲啊！你想成为什么样的人，难道不是你自己说了算吗？什么江山易改，本性难移，那都是别人说的，咱根本说不出来那么精辟的话！这有什么好骄傲的啊？！哈哈。

习得乐观的精髓就是，面对未达成的美好心愿，别问自己能不能做到，先想象一下"已经做到了"有多愉快！每个人都能像他想象的一样痛苦，更能像他想象的一样快乐！

你知道想象的威力有多大吗？

现在我告诉你，我亲手为你做了杯你最喜欢的奶茶，里面还放了很多你最喜欢的果肉，软糯又Q弹，你想象下正在品尝它……是不是会有点不自觉地流口水？对咯！

现在我告诉你，果肉中有一颗是我不小心掉进去的鼻屎……你立刻就皱眉恶心，想打我一顿，对不对？但这使你再次体会到了那句名言的深意，"我本可以忍受黑暗，如果我未曾见过光明"。这一切都是你想象出来的，都是假的，好吗？

你说：那你也够讨厌的！

对呀，讨厌、害怕都是可以被想象出来的，习得乐观要练习的就是，**对难过的事不多想，对快乐的事多想想。**

别把心当成扫把，含辛茹苦地要清理无尽的悲伤，而是要把心当成魔杖，一挥天地亮！要相信痛苦、难过压根儿就跟自己没关系，我就是个乐观幸运的人！同频共振、吸引力法则，只要有意识地去感觉幸福快乐，你就已经拥有了它。

快乐不是要去追寻的目标，而是起点！就像杯子里有鼻屎的话，倒进去再美味的奶茶，又有谁会喝呢？

你说：这就得看你出什么条件了。

没工夫跟你在这儿玩大冒险！我重点是要说，我们和幸福快乐是那么天造地设，却又是如此有缘无分。总以为快乐在遥不可及的天边，快乐是诗与远方。别伸着脖子只顾着一直眺望远方的诗，这样你会落枕，还会导致你诗气（湿气）很重。

何必找寻远方的幸福，脚下即可播种。做好眼前事，每步都有脚踏实地的快乐。

要知道从地里长出来的可都是各种好吃的！而从天上掉下来的，不只有馅饼，还有林妹妹。就算掉下来的是正在吃馅饼的林妹妹，那也得分让谁接到。

咱们接到了，会说：哇，传说居然是真的！

而林妹妹的妈妈贾敏女士接到了只会说：这尿孩子就知道吃！

不用执意抓住彩虹，看到就已在幸福之中。

其实不去刻意追求快乐，反而会快乐。因为追求就会有想要必须达到的目标，达不到，难受；达到了，觉得也不过如此，索然无味，快感很快消散。于是，要追求的目标标准不断升高，一直追赶就一直不快乐。特别珍惜快乐也没用，那就更怕失去它了，而它又终将会失去。

自洽法则

走一步有一步的欢喜,随着生活自然流淌,快乐并不在别处,快乐即存在,存在即快乐!

13
鲜花与泥巴

我们在习得乐观的同时,也来修复个先天加后天共同养成的bug(漏洞):

我们对痛苦有着无意识的忠诚,对快乐带着有意识的嫌弃。

你说:不能够吧,我怎么可能这样对待自己?

那我受累打听一下,忠诚的表现就是听话,对吧?

哪次愤怒、失落、尴尬、焦虑这些负面想法叫你的时候，你不是立马就奔过去听？你跟它们在一起时可上劲儿了！它们让你多使劲地痛，你就多使劲地苦，甚至还经常超水平发挥，痛得苦得彻夜难眠、披头散发、唉声叹气。要记得交友需谨慎，别和自己的痛苦、烦恼混那么熟，而且就算混也要"出来混"，混什么再说，关键是你得先"出来"。

还有不少人总被负面情绪的东西吸引，追虐心剧、听苦情歌、看凄惨的新闻，偏爱这种没苦硬吃的瘾，您怎么就那么愿意上脆弱的当呢？

你说是因为抚慰了自己破碎的心？可是你都"骨折"了，干吗还要去做按摩呀？

快乐是鲜花，悲伤是泥巴，为何快乐中总带着悲伤？因为鲜花离不开泥巴。

虽然鲜花离不开泥巴，但重点不是要赏花吗？干吗要去追着品泥巴呢？

我明白，大脑对负面的东西反应更敏感，快乐比不上痛苦来得更刻骨、强烈、生动。而且，当人看到、听到别人的痛苦，会让自己感觉好点儿，他人象征性地替自己受难了，你用无害的方式发泄了心中的忧郁。看沉重的戏剧大哭一场后，能让自己更加坚强，升腾出力量。

好吧好吧，这也是好事，我跟这儿瞎悲愤交加地追问什么啊。有些为了拓宽审美边界的艺术品，还有着深邃且让人不愉快的美感呢。我非常支持，但不爱看，只是希望您别反向投射得让自己更阴暗就行了。

错误总在重复，风景才看不清楚。我们更不该的是，对快乐带着有意识的嫌弃！

好多次，我是说好多次，快乐叫着你一起，你都跟它说什么？"再说吧……""这有什么可乐的，至于笑成那样吗？"

有些人更甚，自己舌头没味觉，却怪厨子不放料。

看个喜剧综艺，他插着胳肢窝嫌弃：不好笑！

出门去看个演出，他插着胳肢窝不耐烦：没意思，怎么还不完啊！

同事跟大家分享有趣的经历，他插着胳肢窝心里不屑：什么都敢往外说，尬不尬呀！这位"Lady Gaga①"。

我受累打听一下，您为什么那么喜欢插胳肢窝呀？这可会导致你的湿腋（失业）率变高呀，哈哈。您挑剔的开关是安装在您腋下了吗？手一放那儿，就看什么都不顺眼，拽着腋毛跟世界较劲宣称，这是我的"腋"生活！找着万事万物的漏洞与不痛快，吹毛求疵个没完没了。眼中只有瑕疵的人，就只能看到瑕疵啊，带着自我抬高、俯视评判他人的傻骄傲，到处板着一张无趣的脸，还嫌弃着别人无趣。

你说：没办法，再大的烙饼也大不过烙它的锅。我生来正经庄重、笑点品位高，挑剔才正彰显品位，我就是位难以取悦的高雅人士。我被接生的时候，都是插着胳肢窝出来的！

您妈妈真是辛苦了，哈哈。我明白您鄙视自认所谓俗气、不高级的东西，只为崇高、上档次的东西称

---

① 美国流行音乐歌手。此处为双关语。

赞。但死守拘泥于优越的高品位，也是一种对人性的约束、对自我的绑缚啊，您又不是大闸蟹。试图保持表现得特严肃，只会让你更显滑稽。学酷不得酷，反倒流出一股别扭的庸俗。上天把欢乐撒向人间，你非给自己打把伞干吗？这个故步自封、画地为牢的"监狱"，您打算到什么时候才释放自己啊？

总之，不要轻视快乐！快乐就像卫生纸一样，看着挺多，用着用着就不够了。这是什么破比喻啊，哈哈，但我要说的是，快乐并不是件天经地义的事！

尽管它对我们来说是至关重要的，但咱们从不会去为它多想。当你感到了自己不应该痛苦的痛苦，请逆向思维下，幸福快乐也并不是应该的。

14
幸亏有烦恼！

为了更好地自洽与找乐，我们不能光看烦恼的负面，也要看它的正面！下面，进入本书全新疗愈环节——"幸亏有烦恼！"。

没有细菌，就没有抗体。没有屁股，就没有座椅。因为所以，没有道理。

欢迎来到"幸亏有烦恼！"，我是主持人——"小来劲"！

人人都想避开烦恼、痛苦，我们有时会说："也不知道自己怎么了，就是来气、心烦！"想要搞清楚那些"也不知道自己怎么了"无名火的时机，恰恰就在烦恼痛苦发生的时刻。就像我们要讲文明，不说脏话，那也得先知道什么是脏话呀。科学表明，脏话有镇痛的功效，突然的疼痛会让人禁不住骂脏话，因为这可以切断疼痛的恐惧和感觉之间的联系。

但这是重点吗？重点是要找到痛苦的触发点在哪里，才能避开。不然傻了吧唧的都不清楚要避开什么。

所以，幸亏有烦恼！能真正点醒我们的，从来都是令人烦恼的磨难。所谓事教人一教就会，是遇到的事让我们学到了真正的成长，学会了怎样面对和战胜躲不开的困境。

曾经有个人很不幸地遭遇了车祸重创，全身被打上了石膏，而他却顺势成了家里的"顶梁柱"！这就说明，**烦恼、痛苦反而是形成幸福、坚强的必要条件，焦虑、压力更是修炼快乐的上佳机缘。**

首先,有请第一位嘉宾,他是从别的书里来的学者。

学者:幸亏有烦恼!如果没有烦恼和痛苦,人类的很多成就无法实现,创造力不会蓬勃,农作物不会被种植。要是所有人都只想过安逸的田园生活,对现代文明社会来说是致命的,其危险不亚于一场核战争!

小来劲:谢谢,这位学者能把天儿聊得这么狠,自己日子应该过得也不太平,但这跟我们又有什么关系呢?有请下一位嘉宾,他,就是本书的作者!欢呼吧!

作者:大家好,我是本书作者,我姓张,你知道吗?我的"姓张力"很强哦!哈哈,幸亏有烦恼!我要感谢我的那一大屋子烦恼,让我写出那么多歌。恰恰是内在的冲突才更能激发丰富狂热的情感与思考,非常有助于创作。全然消除了忧愁与阻力,也顺便消除了创造力,正所谓痛苦不安出艺术。而且,正是因为烦恼、痛苦、愤怒、绝望才激荡出了摇滚乐!

直接把负能量"燥"成超能量，那些歌就像一把把刀子，把空气都能砍出血来！真是爱极了那帮"迷人的浑蛋"！

小来劲：掌声！尖叫声！本书的作者简直说得太棒了！从来没有听过这么棒的发言！毕竟这些话都是他现在打字打出来的，他怎么打，我就怎么说。刚刚说到了摇滚乐，那么下面这位有请的就是，哲学界的摇滚巨星——尼采！

尼采老师，到您了。

尼采：好嘞，终于到我了！幸亏有烦恼，不要试图绕开烦恼、痛苦，每个人在生活中，一定会遇到各式各样的挫折，而这些正是使你焕发出生命力的动力！假如你想要回避所有的苦难，那你就等于回避了所有让你生命力焕发的机会！因为，杀不死我的……

全场和声说：终将使我强大！

小来劲：掌声！尼采老师就是带劲！这可不是鸡汤、鸡血，而是机枪！癞蛤蟆遇见他，原地吓爆炸。没错，有时对伤筋动骨的恐惧，恰恰限制了我们的想象力与勇气，幸亏有烦恼才激发了超越的可能。此处微微提醒下各位，克服逆境后应该带来的是成长与开阔，不是固化自己对逆境的偏见与闪躲。

接下来，我要随机采访一位现场的观众朋友，听听他是怎么想的……哦，这位戴着白手套的观众朋友，您好，您是做什么工作的？

观众：大家好，我是做自印刷术发明以来全世界书刊中的错别字统计工作的。关于"幸亏有烦恼！"这个话题，我觉得这就是幼稚的乐观主……

小来劲：欸？这位观众朋友的话筒怎么突然没声了？大家可能不知道，在录制节目现场，他的这种状况叫作，活该。

那么，好的，我现在要丝滑地救个场，跟大家分享个从没有人留意过的发现。你们觉得"尼采"这个名字，像不像河南口音版的"你猜"？

您各位自己试试，用河南口音念念，是不是一模一样？哈哈！从前，有两位口音很重的河南人聊天，

A 向 B 打听：那句煞不死俺滴终将使俺强大，是谁说滴？

B 回答：尼采（你猜）。

A 以为 B 在逗他，苦笑着说：尼让俺猜，俺哪儿猜得出来捏？鳖逗俺寥，到底是谁说滴？

B 大声回应：尼采（你猜）。

A 急了：乖乖，尼叫唤，俺也猜不出来呀！

于是"尼采"就出名了，误成了各种名言的原作者。当有人再问起某句名言是谁说的，当地人都爱逗着玩儿回答：尼采！

我知道，有些人会觉得这段谐音梗非常荒谬，但比荒谬还荒谬的，就是"荒谬"这个词。它本身发音就很荒谬，这"谬"的发音无论念得多用力，都听上去很可爱，不是吗？越发怒使劲说它，越起不到示威的效果。

不信大家试试，请用最愤慨的情绪反复说：荒谬！荒谬！谬！谬！谬！谬！谬！

怎么样？怒火中烧的你，瞬间变成了一只小奶猫在"谬谬"叫!

哈哈,欢乐的时光总是短暂的,本章疗愈环节"幸亏有烦恼!"现在就要结束了。

那在下一章里,我"小来劲"还会再次出场吗?还会带来更多有趣的节目吗?

尼采(你猜)!

第二章 内耗焦虑自洽法则

01
对自己讲礼貌

不朽名著《沉思录》中教诲道：

在写作上切忌片面追求辞藻华丽的坏习惯，也不能一味追求诗情画意的唯美主义创作。

相信看完第一章的读者绝对会认可我的写作是，既无坏习惯又完全没毛病！哈哈。

本章我们来聊内耗。面对内耗，一定要有"不合作"精神！不要和内耗合作欺负自己！不要给内耗提供哪怕一丢丢自己的能量！

如果内耗和你剪刀石头布，它出布，你就出左勾拳，把它打飞！

如果内耗和你吃饭，它出钱，你就出左勾拳，把它打飞！

如果内耗和你做瑜伽，它出汗，你出什么？对了！左勾拳，把它打飞！

有人问：这总出左勾拳的人，不会是杨过吧？为什么不用另一只手呢？

因为咱们做事既要露一手，又要留一手啊。哈哈，反正就是不合作！对待它就是一句话：see you never（拜拜）！

好啦，态度已经明确了，现在我来给你介绍一个人。

有这么一个人，爱听你可爱的废话，大笑你分享的笑话，与你好恶相投，体谅你的缺陷和恐惧，知道你逞强的痛，知道你无心的毒，知道你有时笑着只是藏着哭，你肯定会超级喜欢这个人，想跟他做最好的朋友，对不对？

全世界只有一个人能符合以上的所有特征，这个人就是，你自己。

但遗憾的是，这个人本应该是你自己，一旦没有达到自我要求，或没有满足社会与他人的期待，你就开始自轻自贱、自怨自艾，那个内耗的人就出现了。

学者说，虽然智人是冰河时期唯一幸存下来的古人类，是进化史上最高等的生物，却比世上任何生物都更严厉苛刻地对待自己。

我有一个朋友特容易内耗，一内耗起来就闷着不说话，后来我经过了两个多小时的劝导、鼓励，才从她口中得知，她有口腔溃疡。

哈哈，我要说的重点是，生活中除了要提防被他人伤害，更要小心被自己伤害。

我们都要谨记的是——对自己讲礼貌！

别什么事一没做好，就开始骂自己！反而应该保持的态度是，**只要我喜欢我，谁不喜欢我都没关系！**

别人说"好想你"的时候,就让他抱抱空气,因为你的可爱无处不在!

这个世界上从来不缺让你失望的人和事,就别再对自己失望了。好吗?

其实你和别人一样,都在乎自己飞得高不高;但你和别人不一样的是,要更在乎自己飞得快乐不快乐!而内耗会让你不再相信自己能飞,这才是最大的不幸。

别光爱你的光鲜亮丽,也要爱自己的"满身污泥"。即使你觉得自己没什么用,这些年来,不也把没用的自己照顾得挺好的嘛。**无论到了什么时候,都要以自己为荣!**

我知道有些人向来严格要求自己,答应过的事怎么都要做到。可小时候你还答应过妈妈你不抽风,妈妈也答应过不抽你呢,结果你们俩不是谁也没做到吗?哈哈!虽然誓做痛苦的苏格拉底,不做幸福的猪,但也犯不上去做只痛苦的猪啊,对不对?不要去做个悲惨世界里的"钉子户"。严格不严厉,做自己的支持者吧!

习惯严厉自我批评的人,还特爱批评别人,毕竟他总得找地儿出气呀。网上出什么负面新闻,按说跟他一点关系没有,却觉得被殃及、受伤害了,特上劲儿地去抨击、挖苦别人。总在苛责别人的某一点,正是你自己最深的恐惧。你非要把离开眼睛的每一滴泪都变成子弹吗?挖苦别人,最终挖到的可是自己的苦。

你说:轮不着你告诫我,怎么了?我挖苦别人又不犯法。

你是不犯法,但容易让别人犯法,到头来被打击的还是你自己,马桶要装在洗手间里,而不是你的嘴里,好吗?

要"爱自己"呀!

不管你以为这个世界有多么嫌弃你,你都值得被爱,被自己爱!无论你跟内耗、焦虑讨论了多久,最终的决定还是要爱自己!

谁也不能迫使你不爱自己,至少在这一点上,你是绝对自由的！我们无法把寿命延长到永远，但可以把爱扩大至无穷。

反过来讲，即使别人再爱你，你不爱你自己，又有什么意义呢？不爱自己，就算从别人那里得到了再多的爱，也无法吸纳进你的心。一个人只有足够爱自己，才会爱满自溢，才会有更多的爱分享给他人，因为你不可能给出你没有的东西。

勇敢地承认自己的优秀吧！这也是爱自己的方式之一。其实光是承认自己的优秀，对某些人来说就是个挑战。我就这样，别人一夸我，我就下意识地特别局促不安，总怕他们——夸得还不够全面。哈哈，我确实都会赶紧打岔糊弄过去。

有时就是要勇敢地警告自己：虽说谦虚使人进步，但我已经完美到没有地方可以进步了！别再说什么"我在某方面是不错，但是怎样怎样……"，没有什么"但是"，我就是真的很不错！别人把我当鼻涕，我把自己当碧玉，就算放个屁，也要把它存瓶子里！自信会弱化自己的不足，更是灵魂的内增高！想方设法地把自己的长处炼成生活的定心丸吧。

自洽法则
–
无条件爱自己！

你爱自己不是因为先要有好财力、好长相、好名望、好成绩等前提条件，仅仅因为你是本来的你，就值得被自己爱！你不是工作、不是数字、不是报表，别再物化自己了！有条件的都是交易，无条件的才是爱。别和自己做交易，如果只有成功了才爱自己，那你爱的就是成功，并不是自己，成功或失败跟你爱不爱自己没有关系。成功了要慰劳自己，失败了要慰藉自己。再说了，就算失败了其实也不是失败，只是还没成功而已。

内耗说：别给自己找借口，失败就是失败了！

你说：欸，你又来了，你是不是饿了，我请你吃点东西吧。

内耗问：吃什么？

你说：吃我一拳！左勾拳！See you never！

02
做自己的好朋友

有些人不能挣脱自己的折磨,却能成为好朋友心灵的解救者。因为面对好朋友时,你会有目的且心怀善意地思量他的困境,不会像对待自己那样漫无目的地瞎琢磨,吃着没必要的苦,跟自己犯狠,使劲揪头发,误以为揪成秃子就解脱了。何必呢,多少给自己留一根啊,还能用来辨别风向呢。

工作不顺心或考试成绩不佳，发生在你的好朋友身上，你一定会安慰鼓励。而到了自己身上，就是自责、纠错、复盘不放。别再这样下去了，像对好朋友一样理智而热烈地关爱自己吧！

自洽法则

做自己的好朋友！

你嫌弃自己的缺点多，可在你好朋友眼里，那些全是优点啊！**你愁什么愁？愁又不能解了愁，我举杯就敬你杯甜酒！**

例如，你讨厌自己虎背熊腰。

好朋友会说：那是你身体健康的表现，你那后背搁上四菜一汤都不带洒的！

你嫌弃自己太矮。

好朋友会说：那是因为你烦高（凡·高）！你再

矮，高考不也通过了嘛！

你厌恶自己都不想活了。

好朋友会说：我绝对不会眼睁睁地看着你去死的！我会——闭上眼的。

你天热从来不用去避暑，因为一想到自己，心就凉了，总觉得自己很差劲。

好朋友会说：别过度关注自己的不足，我就觉得你很棒呀！什么厉害不厉害、强悍不强悍的一点都不重要，我就喜欢你本来的样子！你问世上谁最爱你？我第一个举手！使劲举得连胳肢窝的布料都撕烂了。没错，我就有这么爱你！

你为过去的错而悔恨？悔恨干吗啊！日子是过以后，不是过从前，因为从前都已经过过了。把每次犯错都当作一次完善自己的机会，而不是谴责自己的机会，**你一天比一天更有长进，过去的错误与不足，根本配不上烦扰现在更优秀的你！**重点是：不要总犯同样的错，还有很多新的错误等着你去犯呢！哈哈。

你伤怀着往日的痛？伤怀什么劲啊！岸都上了，

还惦记着浪干吗？过去唯一的作用就是把你带到现在而已，再伤痛也成了昨天的故事。你完全可以想个获得新生、走出阴影的故事版本，并且坚定地相信这个版本！**活好现在，让每一个今天成为明天的往日美好时光吧。**

你在意别人对你的负面评价？有什么可在意的啊！太在意别人的看法，会变成别人的裤衩，他们放的什么屁你都要兜着吗？哪怕你花一点时间去了解那些人，你都会发现，你浪费了一点时间。少理那些满身是嘴的怪物，快乐地活着就是最好的回击！让他们对你的乐乐呵呵无可奈何吧。

如果在那些人眼中你是怪异的，不要怀疑自己，那正是你原原本本的可爱！你完全没必要为了不辜负别人的看法，而牺牲自己的独特与思想。你是六边形、八面体，只怪他们的审美太单一，才看不全你。请任性且坚定地去辜负一切不懂得欣赏你的眼睛！

自洽法则

就算别人不喜欢你,也不要为自己难过,反而要替他难过地想"好可惜啊,这位睁眼瞎的人没有看到我的美好,可真是亏大了!"。

你就是"美好"这个词的具体存在形式,对待美好,即使有过失与缺陷,也要不分青红皂白地原谅!

做你床头的小熊,打败梦里的恶龙,谁敢欺负你,我跟他没完!梦里也不成!

怎么样?这好朋友够意思吧!好朋友在心里就是三个"姐姐"——谅解、理解与和解。

谅解自己的身体有不太如意的地方;理解自己的头脑有不够聪明的时候;和解自己的伤心、不堪回首的经历。

我知道有些事情就是这样，没法控制，不是自己努力就能改变的，没脾气。

我知道有时就是感到落寞，没人在乎，不是自己拼命就被承认的，没道理。

不要认为自己的痛苦不值一提且是懦弱无能的表现，这只会加深自怨。如果你真的很难过，就允许自己好好脆弱一阵。别逞强地认定现实残酷，由不得自己脆弱，搞得连悲伤时都不敢悲伤。脑子里的水流干净，人就会变得聪明，哭，也不是不行。谁说摔疼了就不能原地躺着歇会儿？想瓷瓷实实地闷着难过会儿又怎么了？站在花洒下一边洗头发一边哭，谁管你浪费了几毛钱水费啊！

科学表明，大脑并不能区分抚摸是来自自己还是他人，都会释放积极的化学物质。所以难过时，抱抱自己或轻抚着脸颊对自己说：我知道你很难过，你流一颗泪滴，模糊着我的眼睛，再难过也总会过去的，那些灌醉眼眶的事都会过去的。

这个世界美得要命，一身旧雪掸去，怨不走心。

智者说，水以为自己越不过沙漠，风跟水说，你不只是水，你还能变成水蒸气，然后变成云。我再帮你吹过沙漠，你又化成雨，雨下下来，你就又变成了水。其实沙漠对你来说，根本就不存在。

03
世上无难事，只要肯"放弃"

内耗的又一大原因就是——总想对自己说了不算的事说了算。

自洽法则

-

但凡我能解决的，都不是问题；
实在解决不了的，都不是我的问题。

也就是说，尽力而为后，直到力所不能及时，那些无法控制的事，就跟你没有关系了，不需要再投入过多情绪，静待笑看瞬息万变吧。很多难题的根源在于外部环境、他人或其他不可控因素。就像你刚走进电梯，超载警告声就响起，你也不重，只不过是比别人晚了一步，所以只能退出去。

我们总被训导说，不要找客观理由。可不找客观理由，就要找自己别扭，卡在那里只能选其一。这像在泰坦尼克号上选座，甭管坐到了什么价位的座上，最终都得撞冰山啊。

所以尽力之后，任其发生吧，把事里能成的、能控制的部分努力做好，不强求开花，也不只看结果。对自己的力所不能及，要报以情有可原的谅解。别总乘十地逼迫自己，忘了要诚实地谅解自己，像只给自己买鞭子的驴。别总是无法控制自己地想去控制无法控制的事，跟既成事实掰什么腕子呀？

浑身是劲儿，咱别跟风打架，较劲的背后都是跟自己在较劲。老想把不平摆平，把不匀的分匀，不内耗才怪了呢，唉声叹气实在不值得。平不平、匀不匀就那样吧，差不多得了。敬个礼呀，握握手，与既成事实和睦共存，也成为好朋友。

自洽法则

心想事成的秘诀就是——只想能成的事。

各位都知道，尊重别人的前提是先尊敬自己。请真挚勇敢地对自己和问题说：能做的都已经做了，别的我真控制不了，请谅解。不谅解也没关系，**我已经谅解我自己了，先谅解为敬了。**

世上无难事，只要肯"放弃"。

这句歪理的流传，有我的功劳，没有功劳也有腿毛。可怎么放弃？哪些该放弃？在什么时候放弃？以及放弃是代表什么都不做了吗？这些都各值得十万字的阐述！

好吧，我放弃……

哈哈，这句的意思当然不是说，在工作学习不顺利时，就直接放弃工作和学习，就像人不能因为自己脸不好看，就直接不要脸啊。命运的齿轮还没开转，自己的链子就已经掉了吗？这句歪理有助于我们谅解自己，别跟自己较劲，在得不到、不可控时放弃挣扎。越挣扎越强化内耗，成了我们肩上没必要承受的重担，每多走一步都会勒出更多伤痕。

放弃挣扎，遍地开花。在去往幸福快乐的路上，勤奋努力和懂得放弃是同等重要的。

而且"放弃"还有个极好的作用就是，腾地方。如果心房里塞满了痛苦，快乐可就放不进来了！

你说：我从小被教育的就是，做什么都要有始有终！永不放弃！放弃是懦弱无能消极的表现，我就是要死磕！我的家里只有地板，没有墙，因为，我就是墙（强）！

哇哦，慷慨激昂的您，让我越发肃然起敬了呢！

厉害厉害厉害！瞧瞧你喷我这一脸蒜泥，真是蒜泥狠（算你狠）。我佩服你是位没结婚就先结扎的强者。确实，"放弃"绝不会出现在强者的词典里，正如古希腊的斯巴达勇士们，他们一生都没有说过"放弃"这两个字！因为……

他们不会说中文。

哈哈，您是会说中文，但听不懂人话是吗？我说的是明智的放弃胜过无谓的坚持，坚持不懈并不意味着你必须成为受虐狂，日复一日地撞南墙。

如果你初入工作岗位，对目前过高的工作难度力不从心，自尊感低，那我来分享下。我曾在做歌或做节目总不满意、力不从心而连续彻夜难眠的迷茫期时，从书上看到了一句受益匪浅的话：

师父对学艺中屡受挫败的徒弟说：水喝多了就有尿了。

当时我一下就尿了！

哈哈，不是，一下就豁然了！放弃了对自己的强求折磨。目前做不好是应该的——是的，请对自己说，做不好并不是可耻的,而是应该的。因为还没到时候呢!爷爷都是从孙子过来的,急于求成,伤己伤身又伤心。"夸父逐日"就是死在"急于求成"这个成语上的。难,仅仅是难本身,耐得住寂寞地慢慢积累,过了,难就不存在了。

想想以前上学时的你是多么勤勉不懈,每天绞尽脑汁地想出各种损招去逗女同学,就为了换来一句:"你是不是有病啊!"

哈哈,用这种精神,去胜任那些自认为不可能胜任的困难吧,以后八方向你吹来的风都是甘拜下风;以后你再哭,都是被自己棒哭的!

04
踏上你的"野孩艇"

内耗的又又一大原因就是——追求完美。

一个人穿着再厚的防弹衣,也架不住从各种角度向自己不断开枪啊!过度苛求完美的人就是这样。追求完美之所以特别内耗,是因为接受不了现实中的自己,因为完美就像哆啦A梦的手指头一样——根本不存在。你要体谅自己是个人,非必要,不完美。

请踏上一艘艇吧！这艘艇的名字叫作——"**野孩艇**"。

"野孩艇"使用说明：

把想法中所有的"一定要……"全换成"也还挺……"，抛掉对自己"一定要"的强迫苛责，多找对自己"也还挺"的自圆其说。

比如：

把"我一定要幸福！"换成"我也还挺幸福的~"。

把"我一定要成功！"换成"我也还挺成功的~"。

注意到标点符号的变化了吗？波浪号（~）就像跳夏威夷舞时的手势，光看上去就让人舒缓了很多。别的书里说要拥抱你的内在小孩，这本书里希望找到你的内在小野孩，小野孩确信地登上"野孩艇"启动出发，随着抚慰身心的波浪从"一定要"的内耗苦海里开出去吧！

你发现了吗？**我们虽然能接受自己成不了圣哲，但不能接受自己成不了神仙！**

"我一定要出色，而且还要一直出色！""我一定要漂亮，而且还要永远漂亮！"幸福、快乐、成功、健康、美丽、被爱、被理解、被认可，这些美好的愿望成了无理"一定要"的痴心妄想和强求。被这种浪漫却丧心病狂的自我神化引发狂热，就注定了内耗的发生。落差一出现，苦楚涌心间。我们有时禁不住追求完美，但不强求一定要完美，也还挺完美的，已经就是很完美了！

自洽法则

踏上你的"野孩艇"，所及之处都是好风景！

梦之舟，艳阳了忧愁……

清泉游，斑斓了水流……

05
跟我没关系+认尿保平安

内耗的又又又一大原因就是——爱生气!

记得有次我在大街上和一位大妈吵了起来,我当时怒火中烧,和她越吵越凶,围观的人越来越多,大家都指着我小声议论:嘿,这小伙子,长得可真帅啊!

哈哈,别为小破事儿顿生恼怒,何必消耗着本来就不多的能量，小题大做、过于情绪化搞得人身心俱疲。在怒火中的你就像深吸一口气一直憋着，越久越难受，看你的人也难受，但能选择走开，而你却不走开，自己往路边一站，没人敢惹，鼻涕一抹，像拔丝苹果。

有的人说他自己就是个脾气大、爱发火的人，拿自己没辙。这个世界在他眼中只有南北，因为他看什么都不是东西。就连在便秘时，都不是去找润肠的方法，而是狂扇着自己的屁股对其大骂：你倒是出来呀！

请和蔼地对自己的脾气说：我还是喜欢你小的时候，你小时候多容易快乐呀！你大了以后，我就"大"不出来了……

哈哈，其实你知道"原来不那么生气，就不会那么生气"这句话不是废话，因为当你意识到自己在生气时，你就已经没有刚才那么生气了，不是吗？

如果一个人无故踩了你一脚，你立刻生气了，张嘴就开骂，骂完了才发现他是个盲人，这时你还生气吗？当场不就转内疚了吗？所以，愤怒只是个暂时的情绪，并不是你，别给自己下负面定义。

一位饱经沧桑的长者曾经叮嘱我，出门在外打拼，谨记两件事——**遇事不怒、勤换内裤。**

那咱们就来深度探讨下，换内裤的周期，哈哈，不是，是如何遇事不怒。

神经科学研究表明，负面情绪的生理反应在大脑和身体中的寿命只有 90 秒，如果这 90 秒内没有新的刺激，便会恢复平静。也就是说，90 秒的负面情绪像是"天灾"，发生了就是发生了，实在控制不住的话，就任由它发作，让它自然地过去。90 秒之后，您还不减反增地烦恼、生气，陷入恶性循环，就是"人祸"了，就是跟自己犯浑、不懂事儿了。老话还是有道理的：no zuo no die（别作）！"人祸"持续数周数月便形成了丧气与坏脾气，持续数年就成了悲观情绪与各种体内结节。

自洽法则

**每当自己又生气或丧气时,
就掐自己一下,
这就是"自掐法则"。**

无论情绪多么剧烈,尽量提醒自己:现在的感受就是这样,我可以接受,只有 90 秒而已,过了就过了。

当你气急败坏的时候,反而要问问自己:可以向人家学到什么?比如他并不会在你气急败坏的事上气急败坏,这点就值得学习!

大家都不容易。智者说,每个人都在经历着一场不为你所知的战斗。

快速离开刺激源、深呼吸、数数,都是别的书推荐常用的息怒招数,我推荐给你个我的息怒心经——**"跟我没关系"**。

"跟我没关系"这句心经,能救自己至少半条命!尤其在恼火的临界点时使用,平复心情有奇效!

自洽法则

–

谁痛苦,谁需要改变!
把这句话刻在心里,这非常非常重要!
重要到什么程度?
重要到要再说一遍:谁痛苦,谁需要改变!

他并不痛苦,痛苦的是你,你认为他错得离谱,他却对你唱死亡金属[①]!

一旦你开始要求别人改变,痛苦就扑面而来。有时别人就是会做让你不赞同、不希望、不支持的事,无论你怎么劝,他就是固执不听,你的火憋在胸口马

---

① 死亡金属(Death Metal),是一种极端的重金属音乐流派。

上要爆炸！

好吧，固执的高墙，连时间都拿它没办法，何况又是小小的我呢。

马上给暴躁的自己戴上降噪耳机，在耳机里反复播放："跟我没关系，跟我没关系，跟我没关系……"同时用手轻捋着胸口，不断示意自己要平静。

因为确实也跟你没关系，和谐的根本在于要承认差别。

如果面对的是你爱的人，还是要试着理解他，也许你只看到了他让你不解的一面，并没有付出耐心去真正了解他更深一层的动机。

当你真正付出耐心去了解后，你就会知道，他可能就是脑子抽了！有病！人工智障！

好了好了，不生气。正所谓，我见青山多妩媚，青山见我：你哪位？不要错付自己的感情，你苦口婆心地多次帮他预见着愚蠢不良的后果，但他就是不以为意，还抱怨你多嘴又碍事！

你知道如果就是会这样，那就只能这样了。此时，你能做的、要做的就是戴上降噪耳机循环播放：跟我没关系，跟我没关系……谁痛苦，谁需要改变……

我们都有希望别人和自己想法一致的期待，但这个期待会气死你的！

我知道你着急，他也知道你着急，是人都知道你着急，但归根结底是谁在着急？是你，且只有你！全世界只有你一个人在着急，你还着什么急？随他去吧，我怒点高、笑点低，仙气四溢，穿浪入云……

自洽法则

—

不要剥夺别人在愚蠢中受益的权利。

小时学说话，长大学闭嘴。不要企图跟谁辩论，辩论只是各执一词地把偏见扩大。当别人认为他是对的，请清楚冷静地告诫自己：这对他来说，就是对的。而当你认为"自己是对的"的时候，就已经错了。就算你确实是对的，还是错的。因为感受的力量过于强大，相比之下，语言文字的表达总显匮乏，是无法精准描述的，所以好多事儿就是怎么也说不明白。

你路过一棵树，树对你说：你没有根，只能终生漂泊无依。

你非对着树撑回去：你有根，但也只能永远地被困在原地。

这时一阵狂风刮过，树拔根倒下，把你给砸了，这事怪树还是怪你？这事，怪可爱的。

但这是重点吗？重点是"认尿保平安"！这是我的另一句息怒心经。

"认"字的含义是，认识到什么时候该尿，非必要时刻，没必要把自己弄得头破血流。跟别人较劲，死磕撞南墙，您这前半辈子撞墙，后半辈子养伤，实在不值当。

及时道歉只是一种解决问题的方式而已，说出"对不起"反而是超越了是非与道理，是精神层次更高的表现。

而且道歉是愈合彼此伤口最快的方式，尤其是与亲近的人。我有时给人家道歉的速度比人家要发火的速度还快，都给人家道歉道乐了，哈哈。

而且最最关键的是，有时你的小火苗可能引燃的是别人的草原！招他干吗，他的怒火滚烫，就请他来你的歉意里乘乘凉，对于你们俩来说都能舒坦一点儿，何乐而不为呢？

自洽法则

-

认尿保平安哪！

06
尴尬自洽法则

内耗的又又又一大原因就是——尴尬!

我看书里说,有人故意让自己做出"丢脸、尴尬"的趣事来锻炼内心,迫使自己走出社交恐惧,不在意他人眼光。他在屁股后面夹了张卫生纸,露在裤子外面在大街上走。路人看到后纷纷议论窃笑,更有位手欠的,把他的纸抽出来,塞到了自己屁股里跑走了,回头还对他说：现在轮到你抽我了！快来抽我呀！哈哈哈。

好吧，我承认后半段是我瞎编的，但就是这么个意思，请自行发散去理解。

比如，你觉得你上星期在公司同事面前发生了件超尴尬的事，这两天再去上班时，不往里面先投两个烟幕弹都不敢进门！内耗的人肯定自责呀！

咱往远了说，两个月后，你知道世界上谁记得这件事儿吗？只有你自己。

你要知道，别人远比你以为的，还不在乎你！哈哈，你说你感觉别人还记得，那只是你的感觉。感觉是一种记忆，是记忆就会被忘掉。你以为别人没有忘掉，只是因为你还记得，让那些假想中的观众都散了吧，各回各家，各找各妈。而且，你也曾经很多次是别人尴尬时的观众，你会念念不忘别人的尴尬吗？允许万物穿过，让尴尬自生自灭吧。

自洽法则

多尴尬、难堪的事,只要你自己想不起来,那就是根本没有发生过。

还有个尴尬时必用的缓解思维:**即刻谅解自己!**

因为不管在什么场合,要是跟别人互动尴尬了,你不能马上转头就跑或原地给人来个绝活儿吧?怎么也还得再接着一起度过一段时间呢。所以尴尬时就即刻谅解自己,打个圆场过去。要是圆场越打越尴,也没关系,记住还是要坚定地即刻谅解自己!

你不谅解,接下来的时光会一直陷在羞愧中,更难熬,好像所有人的脸上都长出了秒针,默示着你时间过得有多慢!

总之,无论刚说出了多突兀的话,请当它说出口时就已被蒸发掉,在空气里消失了。对自己说:我怎么这么可爱。哈哈,没事儿,起码这样就再也不用嫌自己脸大了,因为脸都丢没了。钻不进地缝,我钻iPhone里呗,看看手机,谅解自己,接下来自然地该干吗干吗吧。

要说尴尬也有它的好处,听说有位探险家遇到雪崩,被埋在了厚厚的雪堆下,于是他急中生智,开始回想自己最最尴尬的那些事,用脚趾抠出了一条生路!不知道这个新闻是假的,还是假的?

哈哈,还有社交恐惧,这也是不算什么问题的问题,也许恐惧的根源是——**太把自己当回事儿。**

这个"太把自己当回事儿"不是说爱跟人吹牛,毕竟咱们都是上过秤的人,知道自己几斤几两,而是指过度关注自己的举止会给别人带来什么感受。不要每次和人相处时,心里都在赌,赌什么?Do you love me(你爱我吗)?哈哈,然而,别人并没有把你当回事儿,是你高估了幻想中的自我表现。其实谁也不用把谁当回事儿,就是一起工作、一块玩儿。如果哪次又高估了自己导致尬住怎么办?接着即刻谅解自己!

马上对自己说:这次就算了,下次可不许再把自己当回事儿了啊。

我这样想后,与人交际时就自然融洽多了。

我是个I人,也曾想变得E一些①,再见I人,可不知该怎么办。

朋友说:多看什么,就会成为什么,要主动去耳濡目染。

我当即心领神会,看了一下午的视力表,上面全是E,哈哈。我特理解内向的人逼着自己外向,悖论式追求和谐融洽,做出过多为了合群不得不的行为后,会自我厌恶好久。每当试图合群后,就会对独处的好感倍增。一想到必须参加什么饭局,内向的人就马上觉得,其实饿一顿也不是不行。

可能我也是那种灵魂有洁癖的人,我妈称为"打

---

① 指十六型人格测试,I指内向,E指外向。

小就杵窝子"，哈哈。但我就是很喜欢和自己待在一起，那是一个与现实无关却又无比真实丰富的内在世界，是我的快乐源泉。

这世上没有任何规定要求你必须和所有人都合得来，还得保持良好关系，是你自己这么规定自己的，你不这样规定不就行了嘛！

如果多多社交是你的工作需要，那就提醒自己，跟什么人聊什么天。而更要提醒自己的是，不用跟什么人都聊天！

挺多人总盼着"向上社交"。在演艺行业里，蹭热度就是向上社交的一种。

我分享个亲身经历，有次我发高烧，我妈过来用手摸我脑门儿，我当时就跟她说：别蹭我热度！

哈哈，说个真的亲历吧。

有次我重感冒在家休息，鼻涕流得止不住，我妈当时就把家里的Wi-Fi给断了，她说：用你的流量就够了！

好吧好吧，真的说个真的亲历吧。

我在一位前辈的过往印象里，一直是个聒噪、就会瞎胡闹的人。但我并不介意，因为我聒噪呀！根本听不见她说什么，哈哈。

有回我和这位前辈一起录一档真人秀节目，需要和别的艺人朋友们一起策划编排场小型演出，节目组只协助不包办，基本上全靠我们自己实施。这位前辈说心里没底，怕演出时气氛冷。欸，您猜怎么着？我就会瞎胡闹啊！我把开场音乐、热场玩法、转场特效、怎样把前辈最后的登场烘托到高潮都迅速想好，能提前做的都做出来了。毕竟搞气氛这块儿我太熟练了，带领大家一起排练，排得认真又开心。

转天，演出现场一切都挺顺且反响热烈。前辈看在眼里，自己演得也很兴奋。演完了她主动过来夸我棒，还说以前没觉得我这么能干，还如此有创意，关键效率太高了。

嗯嗯嗯，是的，我多棒我自己知道，但这是重点吗？重点是，平时多刻意练习提高自己，别人关注到你的优势，才能造就真正有效的向上社交。三番五次去追着人讨好攀高，过于讨好别人，就意味着彻底得罪了自己。虽然我们不喜欢被别人恶意利用，但要多创造自己被别人善加利用的价值。

在下如此聒噪会搞气氛，也是源于一个自身能力——不怕尴尬！

因为我常年录综艺节目早练出来了，这个工作的主要内容就是要不断讲笑话，做好玩儿的互动，热闹又好笑是恒定基准。绝不能把话掉地上，话掉地上不赶紧捡起来，就成了"脏话"，哈哈。但即使经过多年历练，这种经验技巧仿佛已化成了我的本能，砸中笑点的概率也就过半而已。

有时讲完一个笑话或接完一句哏，全场鸦雀无声……哈哈哈哈，可我自己心里都快笑炸了！总一起录节目的艺人朋友，他们说尬了时，我们更会笑得前仰后合，尬点化笑点，热闹接着演！因为 the show must go on（精彩还在继续）啊！

让我不怕尴尬的重点不是去避免尴尬，反而是全

然接受了尴尬就是会发生，把尴尬视为是互动的一部分。尬了就尬了，尬了就对了，由此才越不会被尴尬牵制，反而是越尬越好笑！

以前我急功近利地要证明自己幽默搞笑时，会产生一种想努力表现得有意思的没意思，一准儿会节奏乱且无法投入，有一种突然意识离开了现场的感觉。

后来我纯打心里认定，一切演出都是来跟大家玩儿的！不是取悦他人，而是分享喜悦给大家。多说些笑话、多掀热闹点，就能多为大家创造开怀的概率，真的感觉和现场所有人是一体的！**我爱说笑话、唱欢乐的歌，就是因为爱那一个个大家一起开怀的时刻，人和人之间没有了隔阂，没有了高低，所有的区别在欢笑与热闹中瞬间消失！**所以，就算尬了，也尬成了一体，依然有趣！

投入是最重要的！投入就是四个字：忘了自己！世间最美妙强烈的喜悦，就是投入到把自己忘掉！

我判定什么叫作好东西？**不管是音乐、电影、喜**

剧、书籍、风景、美食，还是情感，等等，当你看到、听到、闻到、尝到、体会到它时，你就不存在了。美好恰巧就在你不在的地方和忘我的时候。 所以回到本我时想去回味，才会有戒断反应。

好东西是不分高低贵贱的，我曾经有次吃炒肝的时候，吃完了才发现吃完了。如果你能明白我在说什么，你就能明白我在说什么。希望你最好知道对你来说，什么才是真正的好东西，而不仅仅是用来标榜自己审美高级的东西。

07
真的很"塞翁"

内耗的又又又又一大原因就是——选择。

不知道怎么选择、不坚持自己的选择和一直在选择，都会难受。我们老怕自己选择的是错的，怕在事上走弯路。

但其实漫漫人生路，谁不错几步。要知道，这个世界的容错率超乎你的想象！你有你的路，他有他的

路，并不存在绝对正确的和更好的路，也没有任何一条路注定就是坏的。

路的存在就是为了带你到达某个地方，而心会带我们去每一个要去的地方。不管弯路、直路、开塞路（开塞露），什么路都是必经之路。现在让你不笃定的路，不代表从长远来看就一定不利于你，所谓仙人指路的这位仙人，其实就是塞翁，世事真的很"塞翁"！

塞翁说：我虽然是靠谱界中最不靠谱的，但也是不靠谱界中最靠谱的！路走对了是幸运，走不对是命运。也有可能，路走对了是命运，走不对反而是幸运。无论往哪儿走，都是往前走。周游不了全世界，你就周游全市呗。

是呀，不管所谓多么正确的路，唯一确定的就是不确定的事会发生，没准儿你又后知后觉地走到了从没预想过的路上。还有可能就是，你到了后来发现，最不后悔的，反而是自己选择走过的"弯路"。而且"弯路"上的人可能也不少，你在弯路上发光发热，没准儿比在捷径上还更有收获呢。你琢磨琢磨，大家都知道的捷径，就算路途再短，但人太多，都堵死了，根本走不动啊，这不就变成排队了吗？

《赠汪伦》里那位汪伦，千古留名，世代传颂。其实他和李白并不是深交好友，只因为仰慕李白，写了封邀约信，李白看了心血来潮就来玩了。李白去玩就是"白"玩儿。正所谓，不玩白不玩，白玩儿谁不玩。

汪伦接到李白后，热情地说：我们全家都知道我仰慕你！你在我心里就是第一！你是李白一（礼拜一），我自居雅号是李白二（礼拜二），我孩子绰号叫李白三（礼拜三）。他以后的孩子准备叫李白四（礼拜四）、李白五（礼拜五），只要凑齐了七天，就可以无理由退货了！

李白说：这酒还没开喝呢，您就已经在胡言乱语了吗？

汪伦笑：这不是因为我实在太激动了嘛！来来来，上好酒，上好菜！

汪伦大肆款待着仰慕的偶像，天天献给小酒桌，嘻嘻哈哈就是喝。畅饮期间也从没提过请李白为他写诗。李白玩儿美了要走时，汪伦又盛情地送他一大堆礼物，李白要了。正所谓，白要谁不要，不要白不要。

嗯嗯嗯，我知道，如果你是穿着羽绒服在看这本书，相信此刻羽绒服的羽绒已经没了，只剩，服了！

哈哈，对不起，我又未经允许瞎编乱造了，但故事确实大概就是这样，李白被汪伦满腔热忱的款待打动，心花怒放地把他写进了诗里，还用他的名字作诗名，流芳百世。你说汪伦走的是什么路？反正不是套路，人家那么真诚。

而史上有无数人努了一辈子力为寻得千古留名，但就是做不到，内耗得到老了还伤怀，唏嘘着自己怀才不遇。寻而不得，不寻而得，世事真的很"塞翁"！

所以不管走什么路，不是邪路、歪路就行了。边走边玩，边学边看呗，试着爱上擦肩而过的万事万物。

你说：可走弯路是在浪费时间啊！人家书里怎么写的，不要轻易地以为我们拥有大把的时光，实际上是时光拥有大把的我们。正是出来闯的年纪,不能在无关紧要的事上消耗光阴!一寸光阴一寸金啊!

您是外卖骑手吗,这么有时间紧迫感,真棒!我想说,能在"浪费"中自得其乐,就不是浪费时间,反而是浪漫了时间。全身心投入地做任何一件事,即使是发呆,都不是浪费时间,甚至虚度还是种很高的境界呢。

我所理解的"一寸光阴一寸金"的另一层意思是,年轻时用光阴换黄金,年老时用黄金再换光阴,里外里得到和失去相加等于零,人所失去的也就正是所得到的。

塞翁说:就算你把认为要紧的事全都做了,取得了非凡的成就,但天有不测风云,一个大错特错但当初不觉得是错的决定,就能把成就、名誉全毁了,资产败光,一场空的时候,"出来闯"的那些时光是不是也成了浪费时间呢?但成就、资产都没了,也不一定是坏事,高潮时享受成就,低谷时享受人生。**那些终会失去的都失去,真正属于你的安宁与幸福才会出现**。如果生命是首歌,旋律正是因为音符有高有低、起伏相应才好听啊，全是高音跟踩着鸡脖子似的，不得吵死人啊？

自洽法则

–

既然世事真的很"塞翁"，
那就还是走自己认为要走的路吧，
没有什么对不对的路，路上有热爱，就是对的路。

热爱是用来导航的，哪儿有它，你就往哪儿走，沿着它一直走，它会把你的目的地，从别的自动修改为快乐的。

你说：唉……其实比走弯路更内耗的是，走投无路。

向前无路，后退又不甘心，急得乱转怎么办？那就，原地坐下。"柳暗花明"有时代表的不是事情有了转机,而是眼界有了转变。望望天,看看风景,回望下走过的路。

去哪儿都是出发,坐下即是回家。

08
焦虑来了!

与内耗相伴而生的就是——焦虑!

我妈妈曾经说过,她在怀我的时候,做了一个梦……梦里她打开了一扇门,然后取出了一把墩布,接着开始擦地,最后把地擦得特干净!

此时你会问:这预示了你出生后的什么呢?

什么预示都没有,我妈只是爱干净,连梦里都在做家务。

你说:这都是什么破玩意儿!毫无意义,瞎胡扯!

好的,请保持住你的态度!把它直接转移,对着因为未知而感到的恐惧说:**这都是什么破玩意儿!毫无意义,瞎胡扯!**

对着因为预测而带来的担忧说:这都是什么破玩意儿!毫无意义,瞎胡扯!

对着因为猜疑而产生的不安说:这都是什么破玩意儿!毫无意义,瞎胡扯!

怎么样,如此巧妙地道出了面对焦虑时,最该劝告自己的警句。

这种写作手法是不是很少见?掌声鼓励!

谢谢!

正因为世事真的很"塞翁",所以才如此焦虑。被还没发生的事搞得精神紧张又衰弱,日子天天没法过。焦虑像极了一位过度关心保护我们的妈妈,她总在担惊受怕着我们受伤失败,所以"为你好"地高估着所有会造成威胁与挫败的可能，低估着咱们可以自己应对的能力。

焦虑被定义为"对不确定事物和无常的担忧"。那么，无常是什么？

无常：冒号前面的就是无常。

这种写作手法是不是很无常？再次掌声鼓励！

谢谢！

未知心本来是件好事，它在我们小时候是雀跃、兴奋、好奇，长大就变成了挥之不去的恐惧。对未知心的运用不当，导致了我们禁不住去想象还没发生的灾难，情绪和想象相互放大，内耗与焦虑相互影响，藤缠树，树缠藤，就像解不开的绳。你说说这脑子里有多热闹吧！

人不是在争斗中蹂躏彼此，就是在平息中蹂躏自己。

有奶不好好吃——非嘬（作）！ 这句万古从未流芳的歇后语，道出了我们自寻烦恼的共同特征。

所以，别给自己瞎算命啦！

你总给自己瞎算命，焦虑的事情根本不是事实，但我们却把脑子里想象的东西当真了，还越思量越真！对当下无法验证的坏念头深信不疑，为了什么都还没发生的"坏事"而不安恐慌，对未来充满了悲观妄想。

事情在什么时候最可怕？还没发生的时候最可怕！

焦虑就像看恐怖片，从指头缝里偷着朝外看，又害怕又想知道吓人的事什么时候发生。如果终究会发生，那你还怕它干吗？再说又不是真的。再者说，你并不能确定让你怕的事情一定会发生，唯一能确定的是，到目前为止，不是还没发生呢吗？明天的事，我们后天就知道了，焦虑什么啊！

比如就算那个"灾难"下个月会发生，可你从现在就整天为它提前害怕，都不用等到下个月，你就已经活在那个灾难里了！所以，何必让自己白白早难受一个月呢？

自洽法则

不要提前害怕!
再强调一遍,不要提前害怕!

我们要做的,不是如何让自己不焦虑,而是要清楚地明白,根本就没什么可焦虑的!兵来将挡、水来土掩,一步步把事情做好、捋顺了就行了。

虽然话是这么说,可这时我们的脑子里又会冒出那句经典永流传、自己吓自己的句式:

"要是……就晚了。"

"要是……就完了。"

就是因为有太多破"要是",咱们才丢了打开快乐之门的钥匙。

例句:要是这次没表现好,就完了!

咱们现在就来做个小试验：

第一步，先回想下自己活到现在，那些以前没考好、没做好、没表现好的时候，是不是不少？

第二步，再探探自己的鼻息……

好的，现在不是还活着呢吗？也没完啊！那些要死要活的吓唬，再想起来是不是也就那么回事儿？

别把生命中的一小段时光，当成了人生的全部！

自洽法则

–

过去再糟糕也过来了，
这就意味着，当下和未来的糟糕也一样会过去！

智者说，不要盲目相信自己的每一个念头，不要全部相信自己所以为的一切。

就算……呸呸呸，"要是"的坏事真的发生了，我们因此受伤了、受挫了，在伤痛挫折中也能学会乐观地坦然面对和锻炼韧性,才正是要掌握的成长本领啊!

自洽法则

伤害我们的事物带来的不仅仅是伤害,还有指导作用。

无常的好处是,既然万事万物时刻都在变化,就意味着当下的状况就算让人绝望,也不会永远如此!

世事真的很"塞翁",不确定就对了。虽然有可能坏,但也意味着还有可能好呀!好与坏是流动变化的,好事也许也会引发坏的后续,现在看起来所谓的坏事,没准儿还是后面好事发生的缘由呢。再说了,是非成败转头空,转头就空了,还怕世事无常吗?成了也就那样,败了又能怎样?

歌里怎么唱的?"生活在继续,舞会从来不曾停止,一错再错的,这故事才精彩!"

09
其实天依然很蓝

除了自己吓自己,我们还整天被别人显形或隐形地吓唬着。有人在社交媒体上把本来不太需要焦虑的事,宣扬得特别需要焦虑,这就是贩卖焦虑。

还有个不知当讲不当讲的点,你发现了吗?有些古老的警句,虽然讲得特别在理,是应该谨记,但由于记得过于深入人心,一直在潜移默化地引发着我们的焦虑。

比如那句"少壮不努力，老大徒伤悲"。

我当然知道它的意思是劝导人们珍惜年华、发愤图强，以免年老时追悔莫及。

但请问——但凡有点儿生活阅历的人请回答下，少壮努不努力，和老了伤不伤悲，有多大关系？

一个被先天加后天造就情绪不稳定且悲观的人，少壮再努力，他老了一样也伤悲呀。

再说，老了的伤悲，是不是跟老伴的状况也有很大关系？你老伴每天兴高采烈地出去跟别的老头或老太太跳舞，你吃醋伤悲得说不出来、道不出来的，这跟少壮时努不努力有什么关系？

而且，有些人恰恰是因为少壮过于努力，牺牲了关爱自我和家人的时间，老了才伤悲的。

这句话根深蒂固地警醒着我们，连出去度假的时候都在焦虑：这光玩耍，不去随时跟进工作，回去上班时可怎么办呀？玩也玩不尽兴。在终于得以放松的时候，还始终带着一股莫名其妙的紧迫感。

你说：古训没错啊，不努力，什么时候能有底气提前退休呢？

智者说，**退休的意义是不为想象的明天而牺牲今天，因为今天是余生中最年轻的一天。**

我们为什么要在最年轻的一天里，去担心老了会不会伤悲呢？为什么要在这注定会越走越少的人生旅途中，每步都走得那么辛苦呢？

好玩儿的是，我听身边七八个人说过，以后老了、退休后，想要开个小咖啡馆。

"少壮很努力，老大咖啡馆。"哈哈，那咱们就来展望下：

几十年后，进入老龄化社会。那时候的地球上，除了商业咖啡馆，就是老头老太太们开的各种小咖啡馆。所有的老头老太太们因为只能喝到咖啡以及喝了太多咖啡，在街上个个亢奋得走路飞快、腿脚紧促，同时膝盖又疼得哀号，却停不下来！满大街此起彼伏地传唱着《我要我们在一起》，"哎哟哎哟哎哟哎哟哎哟……"

哈哈，当然，求生欲极强的我还是要强调下，不是说不去努力啊，为了也许会更好的未来，是要现在多努力。但类似这种古训警句，得与时和与你俱进。

自洽法则

谁的话说得再对，也得看适不适合你自己。

"适合"这两个字的笔画加起来共有 14 画，而你得亲自写才会发现，我说少了一画。

哈哈，"鼠目寸光"才是高瞻远瞩。不用执着地去看比眼及之处更远的地方，越看越焦虑。短期目标挨个达到，长远规划便可达到。犯不上为了什么退休、老了之后提前担心，生活会按它的规律带来由不得我和你的喜怒哀乐。咱们当然不是全然认命，是要接受未知与变化，既不依赖好运，也不恐惧灾祸，随机行事，随遇而安。

待会儿的烦事就待会儿再烦,以后要考虑的事就以后再说。人无远虑,宽心有益!

各种疗愈书里都说要"接纳一切的发生",缓解焦虑时确实挺受用,但我也确实做不到老能接纳。如果谁能修炼到老能接纳,就成了老纳(老衲),"老纳们"说老纳闷儿是没有用的,要知晓无论好时坏时、快乐痛苦都是体验与经历。

要接纳生命的全部,包括苦难的部分,别只想挑好的部分接纳。

而我们老纳闷儿"老纳们"说得如此超凡脱俗,真的能欣然接受坏事发生在自己身上吗?咱们都是向来不问为什么,只问凭什么。凭什么我的命就该像新出的手机一样,一年比一年薄?凭什么我要承受坏的部分啊?

此处推荐您去看电影《人生遥控器》,它讲述的是如果在整个人生旅程中一味只要好的,极力避开坏的,给人生开了 SVIP(超级会员),不想看的、不想要的全跳过，具体会后悔成什么样。

自洽法则

—

**我们都希望被吉祥的光永远照耀，
但离光越近，阴影也会越大，
愿我们也爱自己的阴影，正如光爱着我们。**

"接纳一切的发生"的接地气版就是两个字——"都行"。咱们用这俩字把"焦虑"换掉试试呗：现实跟自己期望的一样或不一样，都行。因为一样也就高兴一会儿，不一样也就难挨一阵儿，与其那么连轴抓狂、紧张，不如顺着来、随着去，都行，无可无不可，去获得、去错过，每天怎么活，都是自己的杰作。

各种疗愈书里还说要"活在当下"。我的焦虑不是活在当下，而是活儿不在当下。

真是闲不住啊!我三天没工作就自我怀疑、唉声叹气、愁眉苦脸地满屋子乱转悠。每天祈祷着来活儿、接活儿,让我骄阳似"活儿"(火),"活儿"急"活儿"燎,熊熊大"活儿"燃烧我!我是飞蛾,我扑"活儿",我要钻木取"活儿"!绝不能隔岸观"活儿",必须走"活儿"入魔!

哈哈,但这都是以前的我,活儿多到让自己累得茫然若失的时期也不少年了,很多人在不少年后就不少年了,我也已经不少年不少年了。心里有热爱,就永远是少年。出走半生,归来全熟,加减乘除,都是幸福。

💡

自洽法则

一

**活儿在当下,就活在当下,
专注投入于此时的工作。
活儿不在当下,就在当下快活,
在生活中随处找乐。**

比如，我从小就很喜欢画画、涂鸦、喷绘，有次我要买涂鸦用的镂空汉字模板，在网上想搜的是"镂空汉字"，却把字打成了"镂空汉子"，结果出现了一堆穿镂空网眼衣服的妖艳大哥，即刻让我有了一种毛骨悚然的快活，哈哈哈哈，大哥们实在太敢穿了！

总之，焦虑只是种感觉，我们以为感觉是真的，但其实不是。就像天空是蓝色的，但一有乌云时我们就觉得天是灰的。其实天还是蓝的，它没有变，只是被飘着的乌云遮住了。乌云就是我们的负面情绪，天空才是真正的内心。

自洽法则

**其实天依然很蓝，其实乌云会散，
其实海不宽，此岸即是彼岸。**

10
可爱白痴起名法

下面我来推荐一个对付内耗、焦虑的超好玩儿方法——**给负面情绪与消极思维起可爱又白痴的名字。**

这样无论它们来势多么凶猛,瞬间变缺心眼儿、锐气暴减,咱们就不会再被其征服了。

试玩儿下!

比如，我们心中都有个"毒舌评委"时不常地在评判着自己，只是在每个人那里的出场次数不同。

它多年否定、贬低着我们，导致我们做出了最不该做的事——花时间来讨厌自己。在很多次好不容易变得喜悦自信、动力十足的时候，它一登场就把一切弄得扫兴。每次我们获得一点成就感而沾沾自喜时，它就出来给我们一闷棍。

那咱们给这位毒舌评委起个可爱又白痴的名字，叫作——"傻毒毒"。

傻毒毒又来叨叨你了：你呀你，总有两件事做不好，这也做不好，那也做不好。什么都做不好，你可怎么办？比别人都差远了，也不知道羞愧！

你说：哈喽，傻毒毒，你又来了。你的评判还是那么卑鄙，（*Baby Shark* 进唱）"卑鄙傻毒毒毒毒毒，卑鄙傻毒毒毒毒毒毒，卑鄙傻……"① 不听不听，癞蛤蟆念经。你带着纸呢吗？赶紧把自己捏

---

① *Baby Shark* 即《鲨鱼宝宝》，英语歌曲。其歌词为：Baby shark doo doo doo doo doo doo, Baby shark doo doo doo doo doo doo……

出去吧！拜拜，See you never！

💡

自洽法则

-

不要去听信那些企图压倒你的念头！
非要评判、质疑，
就先质疑下给自己的评判是不是带来了烦恼？
只要带来了，就用这招来抚平自己的情绪。

一切不能帮你快乐、平静、增添活力的想法，都要灭掉它，要不然思维的误判会产生太多没必要的负面情绪，让本来活泼的心失去弹性。心就该是一颗活力四射、朝气蓬勃、五彩缤纷的跳跳糖！

好玩儿，再玩儿一个！

比如，你又听到了那个让你烦恼的声音：我要强烈地困扰你！越畏惧我，我越强大！我让你忍受我的危言耸听，又让你不得不对我忍辱负重。一见我，你就惭愧不安、跪地求饶!

你说:哈喽,"小疚疚",你又来了。

内疚说:啊?没错!我就是威风叱咤、气吞山河的,小疚疚!

你说:小疚疚别瞎叫唤了,我给你梳个小鬏鬏吧。这样正好我扔你出去的时候,就有把手了,三二一,see you never!

我知道看到这里的你,也许会苦笑,然后嫌弃,嫌弃名叫"小嫌弟",它还有个姐姐名叫"怒大姐"!一般小嫌弟跟你待时间长了,怒大姐就会过来找它一起来玩儿你了。

好啊,相信你已经明白怎么用这个方法缓解内耗了,傻毒毒、小疚疚、怒大姐,反正名字一定要起得够贴切又可爱、白痴,才能灭它们的强势。

很多时候,我们仅仅是被词语的广泛定义与营造出的氛围威慑住了,内耗、焦虑、抑郁,**周遭给这些词赋予了太大的能量,以至于我们从没想过,其实可以根本不用接收这些破能量。**

其实痛苦只有被你关注了，才能感觉到。痛苦不是动画片，不需要你从小看到大。

我们听说了一个负面词的威力后，在预防的过程中就已经提前被卷入了忧虑，让本来美妙的想象力成了自己的敌人。

正如你相信了一个词、一句话、一个举动会带来倒霉噩运，便会被其支配，由此想象出八百个扩展素材来全方位地折磨自己。

有种观点认为，语言的起源大概在七万年前，因人类基因突变，表达能力增强，在手势和动作帮助下，对万物进行模仿发出的声音，最终构成了语言。所以《你比画我猜》这项综艺游戏，绝对应该被列入非遗项目。语言会带来联想，想象力有多好多妙，大家都知道，却总忘了，想象仅仅是想象，并不是现实。

词语当然是极其有用的，但去掉那些束缚、折磨自己的词语概念和标签，也是摆脱内耗、焦虑的有效途径。

不过度自我诠释什么是内耗、焦虑，不把这些具体化、严重化,它们就失去了"魔力"!

如果你觉得起可爱又白痴的名字这招有些幼稚,可以试试用一个发音来代替,削弱负面词语的威力。比如,把我又内耗了,说成——我又"嘀卟叽"了。

你问:这不更幼稚了吗?嘀卟叽是什么破玩意儿呀?

那焦虑、内耗又是些什么破玩意儿呢?**如何看待决定如何存在!**

11
唱歌解焦法

下面我再来推荐一个超好玩儿的方法——**唱歌解焦法！**

在陷入焦虑时,多深远的道理也都显得苍白无力,那就行动起来吧,用有趣的行动打败焦虑!咱们别把焦虑着的无常、不确定看成是阻碍,要看成是在参加一场冒险游戏!既然是冒险,关卡中的磨难就不会让你做好了准备再出现，正是这样才好玩儿呀，不确定恰恰成了乐趣所在！而且还要边冒险边高唱！

💡

自洽法则

—

**拥抱磨难成活宝，只把心酸编歌谣，
有了游戏精神，什么磨难都会变有趣。**

既然焦虑总在我们脑中恶作剧，那咱们就反擒拿，也来和它做游戏！

★ 唱歌游戏一 ★

有首儿歌叫作《春天在哪里》，你肯定会唱，当有些事又让你焦虑时，想象在脑中有个"Delete"（删除键），按下它，一边连续按，一边用《春天在哪里》的曲调歌词唱：

Delelelele，嘀哩哩哩哩哩！ Delelelele，嘀哩哩

哩哩哩！

"Delete"（删除）了那些负面情绪想法，就会听到那只会唱歌的小黄鹂！

★ 唱歌游戏二 ★

在负面情绪发生时，做出与惯性反应相斥的行为——唱欢乐的歌，跳奇葩的舞，说白痴的笑话。我们总是在对抗焦虑和内耗，从没想过还可以反向夸奖它们，对吧？这个做法是不是听上去完全不合常理，但很多常理恰恰是内耗、焦虑控制我们的武器，因为你越按照它们的常理给出反应，对负面情绪就越有利。接着反擒拿！

现在，配上你自己编的曲调，大声地唱起：

焦虑时我就大声唱，今天焦虑得可真棒！

内耗时我就大声唱，今天耗得还真是爽！

★ 唱歌游戏三 ★

动画片里主角平时是和蔼、可爱的普通人，一遇到困境就会拿出奇幻道具变身，战胜小恶魔。面对焦虑这个小恶魔，我们也来使用奇幻道具吧！

奇幻道具：快乐夸夸话筒！

拿起快乐夸夸话筒！向着无常猛夸：一切都是最好的安排，你的安排肯定比我的更好！你怎么那么棒啊，你就是塞翁！《学猫叫》唱起来吧，我们一起学塞翁，一起喵喵喵喵喵！

焦虑小恶魔说：什么乱七八糟的，根本没有用！你是无法摆脱我的，哇哈哈哈！

这时，再拿出奇幻道具：快乐转移器！

马上使用！抽离自己，焦虑转移。把正在焦虑的事情转移到别人身上来看，你看着他那么担忧不安会说什么？一定是：有什么可焦虑的呀？你想当领导没那觉悟，想当富翁没那脑子，想当别人太太又是个男的，想什么都没有用。车到山前必有路，没路掉头回家住！来来来，一起唱歌吧：我们一起学塞翁，一起喵喵喵喵喵！Delelelele，嘀哩哩哩哩哩！

你说：我嗓子都唱哑了，咱们能歇会儿吗？关键我也不喜欢冒险，手脚太笨，跟刚长出来的似的。

没关系，那就把今天的焦虑当作明天脱敏的必经之路，现在每天的焦虑，都会让你的下一天对焦虑更接纳适应，恭喜恭喜你，拦不住地越来越从容啦！

溜溜的青山淡淡的烟，涣涣的河水流向心田……

12
停止思考 + 刻意迟钝

我再推荐一套对付内耗焦虑的方法——**停止思考 + 刻意迟钝。**

当陷入负面情绪中,我们会困在一个大误区:终日思考着自己到底出了什么问题。

我亲爱的朋友,**思考本身就是问题!**不停思索痛苦的原因,只会让痛苦更剧烈。悲伤忧郁之所以变成真正的病，正是因为过度思考放大了痛点。明知再思考也没用，但就是控制不住地瞎琢磨，过分权衡着各种利弊。

你的万千思绪就像撒了一地的乐高一样，该收收了！

如果你从打游戏变成了心事重重地打游戏，游戏都会郁闷地说：你这样玩儿我，我可就不好玩儿了。

虽然反思让人能看清事情的本质，正视问题，但正视问题不是陷入问题！

自洽法则

要停止思考，生活美好！

何必反复琢磨糟糕的经历，咀嚼自己的悲苦。你说你吃不了苦？不，你又低估自己了，这苦你吃得可带劲了好吗？你的痛苦正是来自你的聪明和敏锐，你清楚地知道有些事情就是会让你悲伤,你却还一味感性地找寻会让你更悲伤的解释和依据。

智者说,**与其当个高尚的蠢货,不如做个快乐的傻子。**

快乐的傻子也是种内心的强大,这个世界的痛苦、无情、缺失对于"傻子"来说,有什么的呀,不是一直都这样吗?那都不是事儿!从来不想那么多,活得糙点儿也挺乐呵。很多人都没有勇气,让自己看起来傻一点。

Make yourself look really stupid so you don't feel bad doing something a little stupid.

就是说,做个快乐的傻子,不至于为做过的一点蠢事而尴尬。

之所以要把这句写在这里,原因是,这是我超爱乐队 Blink 182 说过的一段话。

哈哈,如果你就是不愿做个"傻子",只赞赏精明,那我问问你啊,一个不知道自己吃了亏,但确实吃亏了的人,到底是吃没吃到亏?

无须回答，直接听个我喜欢的小故事吧。

妈妈给了哥哥五毛钱、妹妹四元钱。

哥哥对还不懂算术的妹妹说：五毛的五比四元的四大，你愿意跟我换吗？

妹妹回答：换呀！

妈妈觉得哥哥真聪明，但谁也不知道妹妹有多开心！

咱先不说这妹妹打小就爱占便宜这事儿，关键是她自己开心啊，什么傻不傻的，都是别人认为的。有钱难买我乐意，这亏吃得值了。

还有个可能是，妹妹其实懂算术，只是她知道哥哥渴望被妈妈夸，所以故意装傻，看着哥哥开心，她也开心。这亏吃得都感人了！

你知道一个人的圣洁，不是因为圣洁使每一个人都爱他，而是他爱每一个人。

咱们虽然做不到那么圣洁，但原谅他人就是原谅自己，否则会永远想起来就生气。

有人说，与其内耗自己，不如外耗他人。这是赢了麻将，输了算账啊！耗别人，你就从"多好的孩子"变成了"多嗨的耗子"，从此招人讨厌，只招苍蝇喜欢，还是会耗到自己的。

关键就是不能耗！傻点儿挺好，尤其"健忘"，简直是幸福快乐的标配，记不住别人的仇，还不纠结自己的愁。

难过之所以叫作难过，是因为你让破事儿难以过去，睁一只眼闭一只眼地让难过的都过去吧。

你说：休想！我睁着的那只眼里也不揉沙子！

所以，你不难过谁难过呀？能困扰你的事太多了，别计较了，让它们从心里通过就好。

你要想通的一个道理就是，有些道理是想不通的。我们常常会犯傻，时常会双标，经常会自相矛盾，好多事就是想做但做不到。所以，要有翻篇的能力，别对自己不依不饶，差不多得了。

刻意迟钝。

就是说不要对烦恼、挫折那么敏感，别急于反应和下判断。锻炼"钝感力"，刻意练习对负面情绪发生时反应迟钝，不增加多余的烦恼。

我看过一本有关钝感力的书，里边有段描写的是父母对待自己孩子的钝感，我们有时总把最坏的脾气给了最亲的人，实在不应该！

大概内容是：

孩子对爸妈说：怎么着，我就没有礼貌、大喊大叫、无理取闹！

爸妈说：咱孩子不会是个rapper（说唱歌手）吧？说话这么押韵。

孩子说：mother father make some noise（妈妈、爸爸"燥"起来)！我耍赖耍的都是punchline(包袱)！

哈哈，大概就是这个意思。回想下，我们在家是不是有时会撒邪火，跟吃了扑棱蛾子似的瞎闹腾？爸妈虽然气不过，但会觉得"这尿孩子就这样儿"。钝感力十足地包容你，该吃饭还叫你吃饭，你什么时候回家都帮你留门，从来都是像你小时候一样爱着你。

因为他们知道，自己就是出产厂家，也没法去哪儿再换个别的孩子。非跟你置气，那么敏感干吗？

你说：我爸可没这么包容，都是直接上手打我，特别不讲理！

那你赶紧让你爸看看这段吧，他看完后知道你跟别人这么说他，爸爸一定会说：嗯，逼我出手的时候又到了，看我不把你打得连做梦都拄着拐！

开个小玩笑，说真的，在外面闯荡、拼搏久了，难免会遇到难关，遇到难关时就回家吧，别忘了，家永远都是你的……

另一个难关。哈哈。

每次凶猛的痛苦一触即发，只因消极的反应聚沙成塔。圣哲提供了一个更彻底的钝感思路：当烦恼的事、负面的想法升起时，不去做任何反应。

因为烦恼并不是从人、事、物本身产生的，是由心对人、事、物做出的反应和判断产生的，遭遇到了不如意、不完美、不确定，不反应、不判断，就不会有痛苦。

自洽法则

只要我不为所动，这世界便如我所愿！

生命中没有任何的痛苦，值得你屡屡回应它。而且负面情绪再剧烈，持续再久，对困境也起不到改善作用，只是徒增烦恼而于事无补，一直折磨自己无法自拔。别对什么都那么大惊小怪的，盼着事事有回应，非要吱一声，咱们"求吱欲"也没必要那么强，好吗？

但我们还修炼不到什么都完全不反应，什么都不反应，那不得憋坏了呀？这一天到晚坐工位上不动窝，就指着骂会儿街、聊聊八卦当锻炼身体通通气儿，对什么都不为所动，多没意思啊。就算真修炼到了那个境界，虽然咱是不生气了，但也活得太不生动了。

所以做不到完全不反应，咱们就练练刻意迟钝点儿，别老给负面情绪捧哏。

13
焦虑进化史

没有水的地方叫沙漠,没有我的地方叫寂寞!

欢迎来到本书全新开心科教环节——**"焦虑进化史"**,我是讲师——小来劲!尼采(你猜)对了,我又回来了!在这个环节,我的身份是讲师,就是总和植物打架的那个植物大战讲师(僵尸)。

你不焦,我不虑,焦虑说来也有益。在远古时代,焦虑是用来救命的！

大家知道吗，大自然从来没考虑过要让人类过得舒适，**反而人类过得越舒适，大自然就越不自然。**

在远古的冰河时期，极度严寒到了什么程度？连风吹雨打都不怕的葫芦娃去了，撂一起立刻原地就冻成了冰糖葫芦，哇！

后来就算天气状况好转了一些，人类依然在与野兽共存的险恶环境中求生，经常会遭遇尖齿利爪的野兽突然袭击！

让我们来沉浸式回望下：

在又是一阵电闪雷鸣、狂风肆虐、天塌地陷般躁动的恶劣环境惊吓后，一位人类的祖先忐忑地走出了洞穴，要去外面摘点果子充饥，在路上心跳急促、肌肉紧绷地进入预警状态，于是就自然地产生了"焦虑"这个有益情绪。这位祖先走着走着，忽然之间，蹿出一只凶残、迅猛的野兽，扑过来就咬了他一口！

野兽说：呸呸呸，早知道不咬了，怎么肉是坏的？

祖先说：因为我是一个 bad boy（坏男孩）！

野兽当场被尬得倒吸一口凉气,赶快跑走了……

亲爱的同学们,你们的笑容现在去哪儿了?

哦,出现在了我的脸上!哈哈。

远古时期的祖先面对野兽,因为焦虑才开启了自我保护模式,保住了性命。还记得那段你们也许从没听说过的老广告词吗?"整天在外面风吹日晒的,焦了点虑,嘿!还真保得住咱这条命!"

自洽法则

**焦虑没有那么不好,
让焦虑显得不好的,是因为我们害怕焦虑。**

怕它干吗?把焦虑当个用来练习扩大自己舒适区的工具,利用它来更了解和引导自己获得从容。我们都想做那朵出淤泥而不染的莲花,其实染不染或染了多少被看得过重了,而恰恰那总想摆脱的淤泥才是至关重要的,因为如果没有淤泥,根本就长不出莲花。

来吧,接着在淤泥里练吧,后来到了那动荡不安的上古时代。

一位身穿铁甲的士兵从混乱的战场上逃跑了,来到一片森林中。他走着走着,忽然之间,蹿出一只凶残迅猛的野兽,扑过来就咬了他一口!

野兽说:呸呸呸,早知道不咬了,怎么是个罐头啊?

铁甲士兵说:你还挑食呢?

野兽说:时代进步了,我也越来越注重健康饮食了,绝不吃罐头食品!

同学们,你们的笑容现在又去哪儿了?

哦,出现在了铁甲士兵的脸上,他哈哈哈地笑着脱离了险境,从此世上就有了"罐头笑声"[1]。

就这样,多年后的今天,对人类来说,威胁已不再是凶残野兽,恐惧转化成了对失控、失业、失宠、

---

[1] 罐头笑声即 Canned Laughter 的直译,是指节目提前录制的观众笑声用以充当背景音,营造欢快、搞笑的氛围。

失去各种东西的担忧,人类一直传承着祖先的焦虑基因。

脑科学家表明,人脑为了有助生存,演化得极易吸收负面经验,一次糟糕的经历比一百次的愉快经历更让人记忆深刻,人脑就是吸附负面经历的粘毛器,正面经历的不粘锅。

人类被迫过着过度反思的日子,触发着无尽焦虑。

你说:幸亏我就从没怎么反思过,所以过得挺好。

苏格拉底说过,未经审视的生活是不值得过的。

你说:那我不听他说的话,不就完了吗?我本来就跟姓苏的犯冲。

苏格拉底还冒着会挨媳妇儿打的风险,调皮地说过,一个人如果娶了一个好太太,就会一生很幸福。如果娶了一个不好的太太,就会成为一个伟大的哲学家。

所以,你跟苏格拉底的媳妇儿肯定能聊一块儿去,她也跟他犯冲。

但这是重点吗?重点是反思个半天,学者表明,人类只是基因的载体，存在的目的和意义是为了基因延续，所以基因让人类做的事，不是为了让人幸福快乐，而是为了它的留存与多产。还有人起哄说，爱情其实是基因用来哄骗人类繁衍的手段。

基因让人类从拾荒捡漏儿，到狩猎采集，再到种植插秧的农业社会时，有了定居的想法。定居就更稳定，更稳定就更能生，生出的人更多就更能吃，更能吃就活得更长，活得更长就更能生，生出的人更多就更能吃……这循环就算是绕上了。

这盛世如基因所愿！人口暴增，大家为了都能吃上饭，必须下地里加倍干活儿。更可怕的是，贪婪是不可阻挡的，人们为了能吃到更多好吃的，就掠夺和抢地，随之阶层、集权化等等也全来了，从此人类和焦虑就像屁股的两瓣一样，妥妥地紧贴在了一起。所以预支烦恼、杞人忧天时，挤出来的都是屁话。

后来人类在自我意识增强后，不再做基因的傀儡，反过来还能解码改造基因，从被束缚到挣脱，获得了暂时的新自由，以便被下一个更新的东西束缚。

你说：这……

这就又聊到了工业时代，那位大名鼎鼎的发明大王——爱迪生，他为了发明电灯失败了六千多次。

有人嘲讽他：你都失败了六千次了，还继续研究呢？也太可笑了吧。

爱迪生回道：你笑点怎么这么低啊？少吃点罐头食品吧。我没有失败，只是发现了六千多种不能做灯泡的材料！

他锲而不舍、持之以恒，终于成功地发明出了电灯！征服了黑夜！从此使全人类，陷入生物钟紊乱，奠定了一系列的现代病，激化了更多日常焦虑的发生频率……

但咱们没事儿说这些干吗？大家知道爱迪生为什么名字叫作爱迪生吗？

因为他是历史上，最爱蹦迪的先生！哈哈。

他发明电灯，就是为了让以后的人类在蹦迪时，照亮那颗闪耀的迪斯科灯球！

他发明留声机，就是为了让以后的 DJ 们在舞厅时，放肆地 drop the beat（掌控节拍）！

缓解摆脱内耗、焦虑，圣哲与学者们都说要跳出思维固化，跳出三界外，跳出自然选择，都在强调的就是要"跳"起来！为什么？

因为——蹦迪治大病！Make depression dance（"燥"起来）！

14
蹦迪治大病！

是的，本章还有彩蛋哦！毕竟是大张伟写的书，在他歌里能蹦迪，书里也能蹦！只要心中有迪，在哪儿都能蹦！

有人说不喜欢蹦迪，嫌太吵，不是自己的品位。那是因为总追求事事要落实的您，忘却了文艺的落虚之妙：不求具体，只为发散。

"蹦迪"是个隐喻，本章的重点一直在说什么？
不要被内耗、焦虑带节奏！

你的很多无奈、难过根本不是你的错，而是被会消耗你的事与规则带了节奏。要在生活中及时发现这一点，不要去当那个被动参与的舞者，而是巧妙转移、卸力，停止被其操控的舞步，来到自己的节奏里，蹦自己的迪！

在我看来，蹦迪不仅是种活动，更是好心情的形容词，是美妙的状态，是活在了极佳的境界！

当人感到兴高采烈或从容平和时，走起路来脚步一定是轻盈的，再严肃克制的人也会不自知地蹦蹦颠颠，这叫作"蹦微迪"。

当人读书思考做事到达心流状态，即使身体不动，脑中的多巴胺们也都组起了派对，嗨嗨蹦起来，这叫作"蹦脑迪"。

这世上从没有一个人能保持始终难过地蹦迪，要么不蹦，要么蹦不起来，要么盛情难却地凑份子假装蹦，这叫"蹦份子迪"。

而一旦投入地蹦起真迪来，再不开心的人也会迅速快乐地狂舞起来！

人生的真谛，就是要蹦最投入的真迪！

你内耗、焦虑得碎了一地？不要紧，先对自己说，碎碎平安，然后把自己片片捡起，拼在一块，灯光一打过来，你就是那颗最闪耀的迪斯科灯球！

亲爱的读者，这一章就在这狂放雀跃的迪曲中结束了，愿你不再内耗，抛去焦虑！

化作一只谁也抓不住的蝴蝶，

宛如一双跳跃停不下的舞鞋，

好像一首热血唱不够的音乐，

恰似一段真切道不尽的诗篇，

我要亲爱的你热烈地活在每一天！开 Fun！

第三章 压力自洽法则

01
致总不由自主追求伟大目标的你

星辰、云朵、鲜花、蝴蝶、小溪、露珠、稻田、彩虹、树荫、湖水、斜阳、嫩草……

光读读这些词,你是不是就感到了一股莫名的平静与美好?

放松点儿吧,朋友们。

现在好多人也活得太不放松了,只因为那句"人生没有白走的路，每一步都算数"，所以连走路都要开着手机计步器算步数。

记得我上学时压力就很大，尤其是体育，开运动会前同学们报各自的参赛项目，有人报短跑，有人报乒乓球，都很踊跃。老师问我：你报什么？

我说：我抱歉。

哈哈，那么作为一本解心宽的书，无论您是 .Rar 还是 .Zip，我斗胆在本章中都来解压。

我知道有时是真没辙，生活中的我们简直就是亚里士多德的传人——**压力多的是！**

你觉得总在挑三拣四、嫌这嫌那的客户就是一坨便便，而自己却只能变成只苍蝇；你觉得那些总是为难你的人，就好比去理发时应该被剪掉的不是头发，而是整个脑袋；你无奈，暗恨着有些人根本没你努力，却拥有着你梦寐以求的……

是的，大家真是太不容易了。我有个朋友对我说，在充斥着尾气与喧嚣的都市中打拼多年，再回到儿时的村里，年迈的爷爷都已经认不出来他了……

因为他整容整得太过了。

哈哈，好吧，不要再以搞笑覆心愁了。我们都要承担很多，咽下更多，叹息着成为不了自己希望看到的自己。但至少到现在为止，咱们还没有被压垮，还没有被熄灭，不是吗？既然抱怨无用，那就还是投入生活吧！

一天再难熬也就 24 个小时，过就过去了，总会过去的，明天又是崭新的一天！

其实目前再有压力的事，日后终会成为不痛不痒的回忆。一旦事情的状况有了好转，多大的重负都会烟消云散，那还抑郁什么啊！**生活并不需要去征服它，只需要去感受它。**

自洽法则

面对复杂，保持简单。放下心来，自然而然。

何必总是心神不定，我们一直拼命往前冲，还要去多远的地方呢？难道生活就是一场永无休止的搏斗吗？抬头就是天晴朗，世界开满了花，而我们却低着头、闭着眼非要去撞远方的南墙。

你说：因为我要去追求伟大目标啊！

我说：那压力多大呀！

你说：人不轻狂枉少年。

我说：人太轻狂躺半年。

你说：人无压力轻飘飘。

我说：过重压力死翘翘。

你说：压力能使人迅速成长。

我说：这倒是真的，我有个朋友在一家压力很大的公司工作，26岁入职，三年过去了，现在他看起来已经像50多岁的人了，成长得多快！

哈哈，很多疗愈书里都写道：养成健康的生活方式，适度运动可以缓解压力。

的确挺对，我有个朋友说他爷爷70岁大寿时，立誓每天要走一万步，今年他爷爷已经82岁了，全家人都不知道爷爷现在已经走到哪儿了……哈哈。

你问：这缓解了谁的压力呢？

奶奶的呀，她已经十多年没有夫妻相处的压力了。

好吧好吧，言归正传，我们都有个难以克制的压力源——总是不由自主地追求伟大目标！这没什么不对的，但也不总是对的。

有位叫作达尔文的大科学家，相信你肯定听说过。以前我只知道，他是位了不起的天才科学家，在细看了他的一段传记后，我才知道，他是一位真正的……

外国人。

哈哈，不是不是，我才知道他虽然被全人类敬仰，按说事业成就够伟大的了吧？但他在辞世的时候依然壮志未酬、特不高兴。即使全世界都认为他是成功的，他却认为自己是失败的。因为对他而言，只有不断地创新突破才能使自己快乐，但岁月不饶人，他又戒不掉对成功的瘾。力不从心的时期该来总会来，谁都一样，哭都没地儿哭去，没有更好的办法，只能爱你，you are my super star（你是我的超级偶像）！

其实人都差不多，无论是历史伟大人物还是普通的我们，都有各自不安、压力重重的缘由。

我们都不甘是众星捧月里的"星"、万里挑一里的"万"，叹息自己的深情就是个笑话，在人间就是个凑数的。但咱们也得冷静一下想想，如果大家都要从人群中脱颖而出，那谁去当人群呢？没有了人群，你怎么脱颖而出啊？这可是脱颖而出的最必要条件。所以,这么说来,人群比那个脱颖而出的人重要多了！就算你从人群中脱颖而出了，一打开微信，你还是被拉进了群里，这不又回到人群了吗？

哈哈，总之，"月"和"一"虽然好像挺了不起的，而你更有你了不起的地方。

你知道吗？你比拿破仑还了不起呢！

我看书中写道，拿破仑曾遗憾地说，一生中加起来都没有过六天快乐的日子。

反正咱也不知道这六天他是怎么算出来的，是因为他在星期日休息时楼上邻居还在装修吗？更遗憾的是，虽然书里是这样记载的，我上网一查，还有网友说，拿破仑说的是一生中没有过一天快乐的日子。

拿破仑说：这位网友，您能盼我点好儿嘛！

所以，仅以快乐为标准，但凡您多快乐一天，都比拿破仑了不起！

你说：我又不是狮子王辛巴，别老捧我。了不起可不是这么论的，要创造丰功伟绩、被载入史册才行！

非要这么比的话，可就没完没了了。仅以丰功伟绩为标准，拿破仑还羡慕恺撒大帝呢，恺撒大帝还羡慕亚历山大呢，亚历山大还羡慕你吃过凯撒沙拉呢，而凯撒沙拉还和恺撒大帝一点关系没有呢。

请问，你觉得那么了不起的军事统帅，牙疼的时候最羡慕谁？

当然是任何一个牙不疼的人啊！

多伟大的人，不看他的卓越成就时，也都是避不开寻常烦恼的人。而且大家都有"一山高综合征"，总是一山望着一山高，然而"一览众山小"这个境界，你完全也可以做到。主要看你把自己和伟大人物们放在什么位置上看，转换视角你会发现，哇，原来众山和我都挺小。

对了,就是要善用"利大于弊"田忌赛马式的妙比法,用你的利去比他人的弊,比弊时,压力即刻骤减;比利时,是位于欧洲西部的一个国家。

哈哈!总之,伟人们也会被负面情绪终日缠绕,心情美好浓度没准儿还不如你呢。

没有顾忌,只有梦想;不想安居,只想闯荡,我们都向往也应该拥有一段非凡的时光。但追求非凡的路上,必然会有很多压力。我想对我们说,在喘不过来气的时候,请让自己适度地"甘于平凡"。

不为谁成功,也不被谁平庸。喝瓶汽水打个嗝,一边散步一边乐。提醒自己该放松就放松,苦中一丝尝得甜,忙中一刻偷得闲。有时心里安安静静的比什么都快活,**能做到甘于平凡,才恰恰证明了你的不平凡。**

我知道这是个愿意这么想,但又不太愿意接受的想法。因为我们都像杯垫一样,以为最需要各式各样更精贵的杯子,别的杯垫告诉你,这才叫作有用,大家都是这么想的。然而你要自己清楚，无论被什么档次的杯子压着，你始终更需要的是一张安稳的桌子。

每当人被傲慢的志向逼着拼命学习、工作到病倒了，才会恍然，丰功伟绩绝对没有保持呼吸重要。幸福安康总是在跟你要说再见时，你才会认出它。有不少超级伟大的文学家、艺术家、科学家，都是因为劳累过度而走出了时间，多令人惋惜呀。

我曾问一位很厉害的中医：您这里有什么特别好的药吗？立竿见影的那种？

中医说：床就是最好的药，睡好了、休息好了，比吃什么药都管用。

每一个成功人士的背后，都有一条侧弯的脊椎，记得要照顾好自己呀！

你说：其实，我是可以接受自己平凡的，但我爸妈、我对象和我领导不能接受啊，怎么办？

那你就……跪下来求他们别这样啊！

哈哈，不是。我太理解你了，压力潜移默化、无孔不入，比如我们从小时候就总被家里人"造谣"，他们也不管咱们愿不愿意，就非说：你长大以后肯定有出息！

是的，我们现在已经长大了，可是，出息啊，你在哪里呢？我怎么还没拥有你呢？还是说，你会来找我呢？咱俩可是娃娃亲啊，你忘了吗？哈哈。

我们打小被期望着要有出息，被督促着要有上进心，好像一定要做什么事都得努力到让天地感动似的。听到这种教导，自己就想连翻十个白眼都不带喘气的。上进心过盛，逼着自己必须要有大用，我敬佩但不推荐，我推荐——够用的本事和耐用的脾气，有这两样就行了。

骄傲不自满，有用不捣乱。不管你做什么工作，只要对社会与他人有贡献，那就是很有出息了！在没那么喜欢又必须要做的事上，平和耐心地去做，不怠慢，但也别太在意，态度保持积极，这就已经很有上进心了！

我理解长辈们督促要有上进心是"恨铁不成钢"，为我们着急。但他们从没想过，我就不想成钢吗？成铁怎么了？老了，还是"老铁"呢！哈哈，让我愉快地生锈吧！生出来的都是优锈（秀）。铁总比硬钢生锈强吧？我上网查了，即使是不锈钢，在保养不当、环境不对时也会生锈，好吗？

💡

自洽法则

适时躺平 + 踏实工作，伟大目标能不能实现，都要对自己好好的。

我认为适时躺平就像在野外遇到黑熊时要装死一样，是一种自救方式。更高阶的躺平法则是——不是什么都不去做，而是要做的、想做的事都去做，但不较劲、不执着。这样想后，我认定做事能够到达什么心情，比到达什么目标重要多了！

如果追求目标的结果不如意，便唉声叹气，那过程中的许多快乐就不算数了吗？

反过来讲，过程中一直在强压中煎熬，就结果的那一刻感觉到还不错，便一切都值得了吗？

就算得到了好结果，又要珍惜成果，可越珍惜，不就越怕好不容易才得到的成果保不住吗？什么时候才是个头呢？

做事的结果无论好坏，大概只占生命的百分之十而已，百分之九十都是过程，所以我们势必要享受过程，多愉悦在"加载中"，别只看重"已完成"。

自洽法则

–

"一分耕耘一分收获"
不如"一分耕耘一分快乐"，
耕耘中的快乐，本身就是最大的收获！

要论不给自己世俗压力的人，就要提到那位天天就爱穷开心的历史名人——颜回。

颜回是孔子最爱的弟子,他一箪食一瓢饮居陋巷,不改其乐。一碗粗粝的糙米,找个瓢舀点水喝,就算是吃一顿正餐了。他多年仅以充饥为饮食标准,但他照样活得内心充盈且愉快。

如果物质享受是空气,那颜回生下来就没有鼻孔。他生活条件简陋到连奉行断舍离的大师见了都得跟他说:真是断不过您,您这么简朴,不会是"简朴"寨(柬埔寨)人吧?哈哈,他不仅得到了孔圣人的极高赞誉,还得到了严重的营养不良,英年早逝了……

是的,这就是我在教写作的书中学习到的技法,讲故事时要有突然的转折,更能扣人心弦。颜回这段扣到你了吗?

你说:没有扣到,有点拉……

哦,有点拉动了你的心弦也行。我要表达的是,**有张没有被生活欺负惯了的脸,有颗没有被压力压垮了的心,平凡而不平庸的神采飞扬,在不确定的紧张生活中,确定地轻松生活,你就已经完成了伟大的目标!**

有句话说"听了那么多道理，却依然过不好这一生"。这句话可以无限延伸，事业那么成功，却依然过不好这一生；挣了那么多钱，却依然过不好这一生……

请你诚实地问问自己，什么叫好？多好算好？好又能有多好？就算你是许愿池里的王八，钱都扔向你，不也得挨硬币砸吗？

自洽法则

这世上就没有一个人是过得好的，除非他认为自己过得好！

哲人说过：善良而平凡地活着，努力寻求智慧而从未远离愚蠢，有此成就足矣！

我们都希望能发光，那么，光是什么呢？

牛顿说：光是粒子。

爱因斯坦说：光是量子。

你说：光是包子，我一顿就能吃 30 个。

什么破玩意儿，哈哈！我要说的是，**有人天生是太阳，有人天生是萤火虫，即使是萤火虫，也要坚持发自己的光！**要知道黑夜，就不是太阳的主场，而萤火虫却懂得如何在黑暗中发光，还让同在黑暗中的我们看到后心生浪漫与安宁，从而不再那么惧怕黑暗，萤火虫的小小璀璨更令人赞叹！

每个人都有平凡中的伟大，**善意与爱就是一盏盏不知道会被谁借走的灯，用来照亮心灵或走过黑暗。**

好多年前，我去医院看个小伤，碰到一对老夫妇。那位爷爷坐在轮椅上，因为出门要下台阶，可医院没有轮椅通道，只能站起来走下去，他看起来非常虚弱又十分疼痛，奶奶扶他起来时问他：可以吗？疼吗？

爷爷向奶奶温柔地笑笑说：没事儿，不疼，这不有你在呢嘛。

这个场景当时一下融化了我，影响了我对爱情的认知，原来"有你在"的陪伴，才是最真切的浪漫。

苦海无涯，回头是我对着你笑了，你被安稳地爱着，还在怕什么？

存在和活着是不一样的，活着就是活着，没活着就是没了，而存在是永恒的。就像一首歌、一首诗、一部电影，即使那位创作者不在了，但其中的动人之处只要还在触动着谁，就是永远的存在。那对老夫妇在我的心里就是一首诗，一首永远唱不完的歌，是永恒的存在，每当想起就有一股热流红了眼睛。

细心的你会问我：为什么你当时没去扶下那位爷爷呢？

你忘了吗？我说了我去医院看个小伤，是骨折，我也正拄着拐呢！你应该问问当时那家医院为什么没有轮椅通道和不多备几辆轮椅给拄拐的人！

02
悲欢尽兴！

当然，咱们也不能因为怕梦想破灭，就不去追逐梦想了。虽说不必被追求伟大目标的压力压垮，但还是要去追逐自己的梦啊！

要说起"追逐自己的梦想"这事，在不了解自己的时候是做不到的。谁都不清楚自己适合、擅长实现什么梦，盲目拼命奋斗，压力不就更大了吗？以梦为马,越骑越傻。要不要先优雅地睁开眼看看自己,老母猪追大王八——那是你任务吗?

一只鹌鹑看到山顶悬崖边上立了个牌子,上面写着:不试试跳下去,你怎么知道自己不是只鹰呢?请问,如果这只鹌鹑读过之后,没有自知之明地跳了下去,会怎样?

会成为网红鹌鹑,因为它居然认识字!

哈哈,我是个务实的理想主义者,所以我个人觉得做自己擅长的,比做自己梦想的事,会带来更大概率的快乐和心安。关键是看要选"做自己认为对的事"还是"把事做对了"。做对了,万事自然顺利盛开。仅仅做自己认为对的事,就像你要养好一匹马,天天不喂它草,而是手势比耶围着它转,说这叫二围马(二维码),那马能活得下去吗?

要是你擅长的正好是梦想的,那就更加恭喜恭喜你啦!

你说:我虽然追梦追得坎坷是不少,确实可能也不擅长,活得跌跌撞撞,但痛并快乐着呀!**不过就是**

一生而已，我没活在世俗认定的辉煌成就里，活在了自己内心潮汐的汹涌里，也是种逍遥！ 梦想就是我的山水，游玩得再艰险，架不住我乐意啊，谁又管得着呢！我的每一岁都能奔走在自己的热爱里。总是失败又怎么样？成就也并不是多么了不起的东西。在我看来，有些人所谓的成就，不过是去战胜了些早已被降服的东西。而敢于超越胜负输赢的概念，才是真正的无所畏惧！

你……就是最强的、最棒的、最亮的、最发光的！拦不住你发芽！全世界的鲜花、大拇哥都该塞给你！现实太饿，把理想吃掉了，但你挥起手来，扇了现实一个大嘴巴！我要祝贺你，扇完这个嘴巴，还把甜枣留给了自己。

无论是活得合情合理，还是披荆斩棘，迥异的性情只要选对了心之所向，都有自己的光芒万丈，做自己的太阳！后羿看到你，都忍不住想用箭射你！

人的身体其实是个窗户，透射着内在的光辉，你的光照亮了我的思维！

如果一个人擅长做一件事，做得很出色，被别人不断夸奖，再加上自己又热爱，真的就是完美生活了吗？**你左右都有了观众，于是就被观众左右了。**陷入迷恋成就感的旋涡，到了后来，陶冶、取悦的已经不是自己了，而是一如既往地期盼他人的好评，被不得不承认的虚荣心操控着，也活得挺难受。

反过来讲，一个人去做一件事，没有达到预期目标，就代表他失败了吗？如果他认命不认输地反复尝试，继续前行，不被这世上任何的风改变方向，不顾一切地抵达自己想象中的勇敢，是多么令人敬佩啊！

没有被打败，就不是失败！冲进暴雨中，比暴雨滂沱！闯入狂风中，乘狂风大作！

有些人真的让我敬佩得热泪盈眶！他们放弃了舒适安稳的环境，决然背离上一代人行之有效、安排好的路，追求着他人不敢追求或不理解的东西，不管自己会遍体鳞伤，反正心就是不顺从！很多人认为能用来"当饭吃"的东西才是好东西，可他们认为正是那些用来"当饭吃"的东西，才扼杀了更重要的东西。

为了热爱而倾情投入、忍受困苦,对别的都满不在乎,只有和灵魂精神有关的东西才让他们着迷,像奔涌的水流席卷着悲欢的一切!虽说这世上没什么是免费的,但他们可以坚定地说:至少我的梦是免费的!

人生就是六个大字——怎么着都不行。但这也同时意味着,怎么着都行!

我不是谁家窗台炫耀的花,我要去自己冲向宇宙爆炸!我管它东南西北彷徨无涯,我只要奔向你,冲撞你的心!

是的,我们都该、最该好好想想的是——怎么活才尽兴。而且还要,**悲欢尽兴!**

命运让人卑躬屈膝,但热血让我们沸腾到底!伟大的目标能不能实现,并不是最重要的,你对梦想的炙热比目标本身伟大多了!

03
自觉地当"瞎子"

科学家说，人类的左视野会进到大脑的右半脑，负责感性；右视野会进到左半脑，负责理性。

看以上内容时，请闭紧右眼，只用左眼看，会情绪激昂。

看以下内容时，请紧闭左眼，只睁着右眼看，会左眼皮很酸。

哈哈，我之前看过一位好莱坞巨星采访说：我希望每个人都能梦想成真，这样大家就会知道，梦想成真并不是你的答案，该有的问题依然会在。

巨星那么好看又富有，但心病使他常年无法平静，外部条件再好，依然活得不开心，常有着夜不能寐与声嘶力竭的内心挣扎。

你说：可他们看上去都过得超好呀！

首先"过得怎样"与"活得怎样"，不是一件事。而且，您明白什么叫"看上去"吗？烦恼痛苦宛如腋毛，谁也不想被别人看到，尽量不露出来，但遮住了依然存在，刮掉了还会再长出来，它就是每个人的一部分。此处，你想说有激光脱毛，对不对？哈哈，您说您怎么知识面就这么广呢，我就一比喻，跟我较什么真啊？

你说：我上个月刚体检照过心电图，心上没什么病。反正我还是觉得如果能富有，就可以去游山玩水，自由自在地快乐一辈子！

哇哦，天真烂漫的您，让我越发肃然起敬了呢！

请问，是什么让假期显得那么美妙、令人向往？不是在家休闲与外出游玩，而是工作。

自由源于枷锁，人只要存在，就不可能自由自在。 如果一个人从生下来到离世，都毫无压力、自由自在，那他就像鱼不知道什么叫水一样，也感受不到什么是自由。

无论你是仆人或主人，都无法获得完全的自由。我真实看到的富人们，只是多了些说"不"的底气。论自由的话，这么说吧，有些咱们都仰望着在高处的人，但他们并不是站在了高处，而是被钉在了高处。

有些人确实是挺牛的，但你知道"牛"，有了那些"财宝"就加上了宝盖头，便成了"牢"。关键挣钱的和花钱的还往往不是同一个人，能暂时踏实地享受到物质好处的人，都是他们的家人亲友和保姆。

你说：那我就不挑了，成为富有的保姆也行。

这位保姆，你好，我说城门楼子，你说胯骨轴子？

一个商人终于赚到了一大笔钱，你觉得他会说：好的，我挣够了，现在就去游山玩水了吗？他大概会说：我想知道赚更多钱是个什么感觉!

一个艺人终于爆火走红了,也会得到不错的报酬。他会说"好的,我挣够了,现在就去游山玩水"了吗?他一定会说:我还要出更火的作品、持久地红!

如果他们真的即刻抛下成就,去游山玩水,觉得这就足够了,旁人还会奚落他们不思进取,荒废大好前途。因为不管是观者还是本主,大家想要的永远超过拥有的。

笼鸡有食汤锅近,野鹤无粮天地宽。人家圣哲之所以能自由快乐,正是因为不追求我们都在追求的东西,才自由快乐的,他们可以完全自主地创造内心感受。

我们虽然做不到,但尽量能做到的是"见好就收"。但这个"好"的度在哪儿呢?

我个人认为"度"就在,**能把"收"也看成是"获"的时候,就得到了最好的收获。**

明智的做法,不是去做什么,而是知道不再去做什么。如果别人还在盲从地持续奔波,即便成了霸王,也是奔波霸(奔波儿灞),哈哈。您见好就收了,这时明智就显现了。

我有个朋友的亲戚就很明智，他开了个路边的烧烤摊，花了近1000元备料，2000元多买了辆电动三轮餐车。开张后的第一天卖了50多元，第二天卖了不到200元，第三天就卖了1600元！因为他把三轮车卖了。

哈哈，但咱们见好收不住，绝不能全怪自己！

社会与社交媒体上有些人整天鼓吹着财富成功和美貌的夺目之处，树立并定义着不切实际的"典范"，把我们从探索自我的途中引诱出去，迷失在路上。我们越迷失越利于跟随他们的指引，还如痴得像化了的糖。

有人偏激地讲，广告的本质是制造自卑感和贩卖焦虑。确实也有些在理，要是我们不自卑、不焦虑，就不着急花钱哪。但商业的东西还不断费尽心思地满足、迎合着我们呢，让我们感到美妙得像病了一场，反正什么都得看两面。

总之要心知肚明的是，**不去盲从追逐别人树立的**

成功和美丽，才能找到自己的样子，按照自己的方式活。这个世界正因为没有定义过任何一种颜色的美丑，才能如此绚丽多彩。

好典范的作用是，让你通过他，更像你自己，绝不能是让你努力到吐了血地去成为比他小八个号儿的套娃。典范是向导，助我们能更清晰地听到自身使命的召唤。而且，典范还不一定是所谓多么有成就的人，任何人都能成为我们的典范，在小鱼缸里游泳，也能耍得风起云涌的人，更值得学习。

虽然得到了大部分人渴望的东西，就叫作成功，好像很合理，但所谓"合理"这件事，只是合了大部分人的理，并不是你的理。

在约定俗成的标准答案前，人们都认定你是错的，于是你也觉得自己好像是错的，因为你不敢确信一个人的想法会有可能比整个集体更对，只确信如果固执地坚持己见，会付出难以承受的代价。但至少有时我们也要自觉地当"瞎子"，闭上蒙昧的眼睛，用思考复明。我们确信自我选择和认知感悟很多是被外来植人塑造的,众口一词便成了事实,而事实并不是真相。没有什么真的假的,只有让人相不相信。

嗯嗯嗯,好的,此处温馨提示下,本书的原则是绝不自我批评,自省不自责。较为严肃的地方都会保持在蜻蜓点水的程度,再深就该往心里去了,差不多得了。

关键有些人成功真的只是运气好而已,他们说的话可不能全听。就像你去向一个中了彩票的人学投资,他跟你云山雾罩地能喷出一本经书来,其实他所有的经验技巧就是一句谚语:有枣没枣打三竿。

大家都想知道美好生活究竟是什么样的?而每个人都以为除了自己,别人都知道答案。忠于你自己吧,**跟风别人的美好生活,只会让你没法好好生活。**

讽刺又好玩的是,社交媒体上还广泛传播着社交媒体对大众的危害,就像烟盒上印着"吸烟有害健康"。往往只有不吸烟的人才觉得确实如此,而吸烟的人只觉得,干吗要印这么扫兴的话?咱就喜欢这每天胸闷气短的体弱劲儿,怎么着吧!起码抽时过瘾啊!

04
不比不烦恼

即使我们不去追求别人树立的成功或者美丽，还有个难以克制的压力源——攀比！

有人抱怨着不公平，大家同样都是一阵风，凭什么自己是蒲扇中的，而别人是热带气旋中的。嗯嗯嗯，我知道，你已经很努力了，真是辛苦了。但你想过所谓的"不公平"也是件好事吗？如果都公平了以后，你还是成功不了或把成功给败了，那会不会更崩溃？连挡箭牌都没了，纯粹地暴露了自己的不足，多吓人哪！哈哈。

攀比让心理不平衡得像左右摇摆的钟，在来回之间惶恐，还会弄巧成拙，把本来挺美好的事搞砸。

我上学时学校厕所的灯是声控的，我心仪的女孩一上厕所，我就贴心地守在门口，每隔半分钟，看到灯快灭时就拍拍手，为了让灯保持一直亮而不厌其烦地拍手。女孩感动地说：哇，怎么上个厕所，还有人给我鼓掌啊？

本来这件傻傻爱的事还挺温馨的，可后来出现了个情敌，他也守在厕所门口，还跟我比贴心，但他不拍手，每到灯快灭时他就喊一声：吼！我不能示弱啊，我比他音量更大地喊：哈！

他一吼，我就哈！

吼！哈！吼！哈！

女孩生气地走出厕所！看着我俩唱起：是谁，送你来到我身边……

哈哈，不比不烦恼，一比受不了。我们会攀比的心理是,我并不是自己非要的多,只是不能比别人少!别人有的,我也要有!

咱们虽然可以为了仨瓜俩枣而载歌载舞,但有时仅仅是看不了"别人有,自己没有",就连残羹剩饭也要争得头破血流,真不至于。压力不是来自想挣更多的钱,是想比别人钱挣得多。回报小了,你不开心,有着收效甚微的羞辱;回报大了但没别人大,你还是不开心,也许还会被妒忌迫使着去做些不光彩的事,于是你就成了不是好人说的那种坏人,但也不是坏人说的那种好人。要知道,钱没了可以再挣,但良心要是没了……就可以挣到更多钱了。

哈哈,不是不是,绝不能昧着良心挣钱!这样你并没拥有钱,而是钱拥有了你,而且人是受不了内心中荆棘的循环刺戳的。

咱就是说攀比的危害,从迫不得已到乐此不疲地比,必然会被卷得昏天黑地。

我们在社交平台上分享着假装比现实中更快乐、富足、有深度的自己,渴望换来别人更多的关注、认可与赞美，生怕别人看不见自己。然后又去把别人同样在假装的美好，和自己真正的现实对比。大家都羡慕着彼此表象、不完整、剪辑过的生活，同时又怀疑、失落于自己的努力与值得。于是急功近利、投机倒把，戾气越来越重。

何必呢？那些只是"看上去很美"，而你本来就很美！你有多美你知道吗？

月亮被你嚼过碎作漫夜群星，

镜子被你路过映得满面绚丽……

无味被你吻过宛若异香扑鼻，

平湖被你拂过散落碧波涟漪……

怎么样，看美了吧？多看看这些多好，别比了，"比"会让快乐都不快乐的，你自己本来想快乐就快乐，但当你想比别人更快乐时，你就不快乐了。

你知道别人在哪里最快乐吗？在你的想象里。

我听过一位跟别人比红了眼的艺术家说：有些伟大的艺术家，在死后才得到了应有的推崇，我比他们更伟大！因为我知道我死后也不会受到推崇！

哈哈，龟兔赛跑的故事大家都知道，确实有个无奈的点，如果兔子没睡着，乌龟再怎么有恒心也是输。

当你自弃觉得就是比不过别人时，希望你可以这样想：乌龟向前不是为了超过兔子，而是为了要去它自己想去的地方。找到你的独一无二，在你的赛道上便只有你自己，你停下的地方就是终点，你多走一步都是远方，这不更好吗？再说了，兔子也够不容易的，跑慢了赛跑输了，跑快了又撞树上死了，总没什么好下场，也只是"看上去很美"。

无聊的人在比较，厉害的人在创造。赢得不了爱，就去创造爱。

💡

自洽法则

-

过自己的日子，享受自己创造的生活，如释重负呀。

攀比的更深处是来自认可欲。在如今的时代，能够克制自己的被认可欲，绝对是美德中的美德！

记得我小时候一直不明白，为什么我爸总是因为别人的看不惯而一再制约我？

我染彩色头发，我爸准会说：给我染黑了去！你那样儿上学，老师看不惯！

我穿个性点儿的衣服，我爸准会说：给我换别的穿！你那样儿出门，邻居看不惯！

甚至小时无知，我与大杂院里的盲人逗着玩儿，我爸还会说：给我回家去！你那样逗人家，别人看不惯！

为了让别人看得惯，忙于求认同，对着不屑自己的观众演着马戏人生，总活得战战兢兢。

其实小时候的我们，并不在乎出名和挣钱，是后来他人与社会不断向我们强调名利钱的好处。即使自己并不太明白，也没多想要，但为了被他人与社会认可，我们就也喜爱痴迷上了，而名利钱、奢侈品的根本，是在填充代替着对感情、精神与爱的渴望。

挖空心思地想得到别人认可，心思挖空了，便意味着自己的心就没了。你是别人的、社会的，偏不是自己的，困在被"卷"的旋涡，错怪天真的歌，自以为别无选择，被认可才会快乐。可你快乐吗？为了符合别人的期望，脑子都快坏掉了！

是呀，可是期望的自然发生，真的很难克制！

记得我有次去澳大利亚，赶上下雨天，我看着打在酒店窗上的雨滴往下滑，不由得期望起自己看好的那滴小雨滴，比别的雨滴滑下得更快，还为它打气说，"嗷大力呀"，澳大利亚小雨滴使劲滑！"嗷大力呀"，澳大利亚小雨滴使劲滑！

哈哈，好吧，我脑子已经坏掉了。

自洽法则

–

不用活给别人看，也不要只看着别人活，做更好的自己的目的是，更好地做自己。

05
我真棒清单

成功、富有、外貌好、被认可,这些是优势,但不是优点。反而当一个人没有或失去了这些优势时,依然心境平和、愉快,才叫作优点。

如何分辨?优势是可以被夺走的,优点是夺不走的!

少问自己为什么不够好,多问自己为什么这么优秀，而且是逼问的那种！

★ 列个"我真棒清单" ★

我们总是高估了别人，低估了自己。因为无法肯定自己，才通过比较来确认自己的价值与优点。所以，我们要主动、有效地肯定自己，深挖自己的优点、特质。挖到什么程度？就是那种每次路过镜子看到自己，就特想给自己磕个头的程度！

列这个清单的主要作用是，越清晰地认识到自己哪里好，就越自我肯定，将其运用起来，越能精准地去贡献、服务、带动他人。而且在面对挑战时，还能很快知道哪个部分是自己擅长攻克的。

请注意，优点就是优点，对自己就不要吝啬、谦虚啦，从头发丝儿到脚后跟儿地找，从对待家人朋友、性格特点、能力品德、身体状况、做事态度等里面全方位地找。

"我真棒清单"示例：

我有社会公德，出门知道手机关闭外放，我真棒；

我善于保持清洁，吃干脆面都不会掉一身和一地渣子，我真棒；

我注重节俭，绝不轻易浪费东西，平时有屁从不放，都是攒着过生日吹蜡烛时才用，我真棒！

哈哈，抛砖引玉，有空列张"我真棒清单"吧！单子里项目列得越多，心情越好，攀比压力不见了，让自己的美透着清爽。

但我还是得说，生活中有时确实不是自己想和别人比，而是别人非犯欠，要和咱们比，就为招摇他的那点儿优越感。

老同学聚会，饭桌上大家聊了会儿天、交流各自近况后，有位发迹了的老同学对你说：呵呵，我现在一天赚的钱，比你三年赚的都多，买什么东西都不眨眼。

原来他对你的关心，只是为了打探你过得是不是比他差。此时请你保持平静，方寸不乱地回应：厉害厉害厉害！您老不眨眼，眼睛得多干啊，快夹一筷子这菜里的油润润吧。我也拥有了一样看来你永远得不到的东西，叫作知足。

这位发迹了的老同学听完，不以为意，转身跟别的同学又显摆去了。在后来的日子里，他拼命地为了赚到用来炫耀但并不需要的更多钱……死了。

没错，这故事就这么愣！因为自以为是还嘴欠的人都该拜拜，哈哈。

你说你就是禁不住地想和人比，哎哟哟哎哟哟地拦不住自己。太好了，下面我来推荐个自认最最好用的——

自洽法则

-

随喜！

06
随喜！

在看到他人成功发财好事来的时候，咱们替他们欢喜，把羡慕、嫉妒、不服气全换成沾喜气！以自私的角度来说，越这样想，喜气越会亲近到你身上。能亲身去帮助他更好，这样你不仅挺开心，还真切地感受到了那份美好，你的目的不就是要感受美好吗？

以更自私的角度来说，你肯定知道，好坏都是暂时的，都是会转化的，他人现在的好事，也许以后对他来说是个负担或祸根。而这些又跟你完全没关系，你只感受了那些美好的部分，多棒呀！

其实，就算那好事是发生在你身上的，你不过也就能比随喜的人多开心顶多一星期半个月的，过劲儿了你就又盼着下一个了。

在胜负、对错、是非之外，有座田园，那里绿草如茵，微风拂过你仰着的脸，与世无争的随喜就在那阵风中。

以更释怀的角度来说，我们完全不必再怨言自己的平庸与短处了，因为这正给别人的天赋与长处留出了空间。怎么样？这样想后，是不是顿时觉得自己简直太仁义了！

哈哈，是的，就这样，在自己得不到却看到他人得到时——即刻随喜！简直太好用啦！

我身为一个艺人，在发现了随喜的好用后，心境简直如口吐彩虹一般灿烂！

因为同台演出录节目时，比我红火的艺人层出不穷,他们的粉丝群体是那么庞大且痴狂,仅仅是个下商务车的动作,都能引来为之海啸般的欢呼十余分钟,让我不禁赞叹:哇哦!人家那腿可真是条好腿,让我越发肃然起敬了呢!

我以前当然羡慕且无奈,但这一命二运三风水、不知道哪块儿云彩下雨的演艺行业,在追捧度上努力较劲,除了徒增压力,是没有任何作用的。

架不住我品到了随喜的妙处——为他人开心,光芒不必只在我,让别人被看见。多让人家展示才华与可爱,多多去利他。这样既得到了互利,又与人多了一份亲切,真正舒适地超越了自卑。一起开着小玩笑,大家看得笑开花,自己玩儿得挺美的。

自洽法则

即便我没他人鲜艳,但我更有自己的颜色!

去做照亮者,去做他人的灯,这样你老了就会成为老灯(老登),哈哈。

我从爱戴的前辈们那里学到了一个自认非常棒的心理受益点,就是我发现他们并不只是在挑大梁,而是在当桥梁。他们当然是舞台上的顶梁柱,但他们会主动把自己放平当桥梁,托着所有人,让大家通过他们表现得更稳、更精彩。所以,他们挣的钱不是通告费,而是"过桥费",哈哈。有了这个感悟后,我就更欣然地随喜与利他了。

我个人认为,所谓提高情商,就是要多培养自己自然而然的善意。不仅是巧妙地打圆场,而且发自内心地希望大家好才是真的好,为他人解围成了自然反应,不求回报却得到了回报。

关键是我老觉得跟别人较劲不吉利,这个莫名其妙的想法根深蒂固,也不知道怎么产生的。我特别爱图个吉利,所以极少写伤心、负面内容的歌。在写快乐歌的领域里,如果我说我是第二,没人敢说他愿意写这种东西,哈哈。反正我写东西的标准就是,不能成为第一，就要尽量成为唯一，独特、有趣更重要。

得了，不说我了。我个人认为，自谦、情商低的朋友，其实都是好运的人！

你怪自己不会说话、老得罪人，那你活得一直不也挺正常的嘛，也没出什么大事儿啊。这就相当于外面下大雨，你却非往屋外跑，雨就偏偏淋不到你，因为你不淋不淋（bling bling）的！

所谓人情世故，不懂人情，肯定出事故。如果你就是偏偏说话很难听，那出门在外一定要多结交些朋友，这样起码能避免总被同一个人打，哈哈。

有时一句真诚的赞美就能给予他人意想不到的能量，毕竟人永远听不够的就是夸自己的话。与人交际百试不爽的小妙招——嘴甜些。

你说：可我好像一辈子都嘴里上火，就是很苦，说不出甜话，我可真没用！

且慢，这位壮士，上一章里咱们怎么聊的？要对自己讲礼貌！绝不能责怪自己。嘴里上火也有用啊，你嘴里上火，无论去亲别人哪里，都相当于在帮人拔火罐呀，调整气血，你是专家！哈哈，但有人确实也是情商过低，真没辙。

我有一傻哥们儿去女生家里做客吃饭，到了晚上11点多，女生说：都这么晚了，你就别走了，夜里不安全。

他却急了，跟女生说：我这么大个儿一男的，怕什么夜里不安全？再说了，北京治安这么好，你凭什么说夜里不安全？

说完，他就出门打车回家了，到了家还给女生发微信，传了张自拍过去证明：你看！我都到家了，一点事儿没有，多安全啊！

女生回：你去给脑子拔拔火罐吧！

哈哈，与人交谈，让别人觉得你是全世界最可爱的人，当然很不错，但更不错的是，能让和你聊天的人觉得他自己是全世界最可爱的人。

如果我们都愿意让别人更可爱，这个世界得美好成什么样啊！

不说别的，夜里肯定安全！

07
你比现实更可怕

有一种不愿随喜的人,总是看不得别人好,酸极了,吃饺子都不用蘸醋,蘸着自己说出的话就够了。别人遭遇着人生路上的风雨,他们却还兴奋地给人家路上再甩两块香蕉皮,气人有,笑人无。

你知道这世界上谁不开心的时候,你最应该开心吗?

是你，你不开心的时候，你最应该开心。

可是你偏不，还把什么事都曲解，把什么秘密都添油加醋地外传。奉劝一句，不要把自己的秘密告诉你的朋友，因为你的朋友也有朋友。不要把别人的秘密告诉你的爱人，因为你的爱人也有朋友。

哈哈，这种人因为自己的不得志，就迁怒于周遭的一切，躲在阴暗的角落愤愤不平，攻击着他人，加深着自己的偏见。偏见让遍布世界各地的蠢货们在互联网上得以聚起、扎堆儿，他们都热爱一种"曲艺"形式，叫作断章取义（曲艺）。幸灾乐祸地凑着断章取义的热闹，误导舆论，激化矛盾。

这样活着的话，您一杯茶里放十斤枸杞，也滋养不到一点身体。屎壳郎见了你，都会把你当粪球推。

但这种人也有个优势，就是无论你怎么打他，他都不会有脑震荡的危险，因为他根本没有脑子。

还有一种不愿随喜的人，认为现实残酷，赢就是一切！为了赢，就得不顾一切地卷和争！

你说：这有什么问题吗？还随喜？我要让别人都

稀碎！现实是丛林法则，社会的真相就是残酷无情，人潮人海中有你没我，把强者拖下，才能自立为王！我搓澡都用仙人掌，犯起狠来不要命！强取豪夺，强化竞争力，压力大又怎么样，那就更要对自己和别人狠！

别把现实妖魔化，你比现实更可怕！ 现实虽然残酷，但你对待自己更残酷，随之对待他人也无理无情。你把自己当苍鹰，别人把你当苍蝇。

我些许同意您认为的弱者不得好活，但历史告诉了我们，强者还会不得好死呢。什么丛林法则，**任何人都能制定规则，只有蠢货才会去在意它。** 如果在丛林里，弱肉强食是唯一法则的话，那这么多年过去了，按说陆地上现在应该就只剩下狮子、老虎和大象了啊！而且，没有任何研究表明，其他小动物的生活条件就比它们差呀！人类征服了其他动物后的如今，被深爱呵护、活得最舒适的都是小狗小猫呀！

一个一拳能打死一头牛的人，会打一个可爱、胖嘟嘟的小女孩吗？如果这个小女孩还是他女儿的话，那他更会幸福得甘愿被女儿戏耍追打吧？**所以，能与人、事、物建立更深更有爱的情感，才是所谓生存的妙招吧？**

你说：可是要爬到金字塔的高处坐稳，就必须竞争，必须残忍，必须把别人推到一边，自己才能站上去！我就是好胜，骨子里就爱争！

是的，你骨子里爱争，就成了"古筝"，命运肯定会使劲弹你的。你是除了要去征服别人之外，没有其他自尊来源了吗？再说，就算你到了那金字塔尖上也坐不稳啊，因为扎屁股呀。那个尖也许还是个钩子，是专门用来钓你用的。你知道你这样的人爬得越高，给别人带来的烦扰就越多吗？

你说：怪我欺负人？怎么不怪自己没本事呢？出来混，没人会对你真的好。比你强的人就是会压榨你，没钱没势就是会被踩在脚底下，只有强者为尊！我结婚时大办的排场让多少人看红了眼，到场的那些大佬和小兄弟，那些钦佩我的掌声欢呼，都是用我的狠和争换来的！

哦！这我知道，当时你在婚礼上说完誓词，确实全场鼓掌欢呼，那是因为大家在庆祝，终于可以开餐了！

利他才是真正的利己，找到利他的热情与使命，基本上就是人生意义的答案了。

谁做事纯利己，就像拿着把没有刀柄的刀，扎伤别人的同时自己的手也被割破了，还一定会让你从套马的汉子变成挨骂的汉子。就算利到了自己，别人也都记恨在心。就算被一群蠢货拍马屁，最大的谄媚者还是你自己。

但咱们也要想想这种讨厌的人，可能是因为从小没被好好爱过，屡受打击，安全感极低，才把自己逼成了这样。

智者说：不是所有的怪物，一开始都是怪物，有些是因为悲伤才变成了怪物。

也是够不容易的……

总之，不是强者胜，而是胜者强。想要出奇制胜，绝招了解一下：**可爱比可怕更强大！**

因为越让人知道你的可怕,别人就越想把你搞垮,只是时间早晚的事。但越让人发现你的可爱,别人就都会被你——可爱死了!哈哈,可爱的你,人家跟谁过不去,也不会跟你过不去,反而让谁过不去时,都会让你先过去。

但话要两头说,狠毒的人都运气不会太差,因为"爱笑的人运气不会太差"。在动画片与电视剧中,我就没见过比狠毒反派角色更爱笑的人了,他们一想到做到自己的邪恶计划时就"哇哈哈哈、呀哈哈哈"地笑,比正面角色笑的频率高太多了,他们总为自己的才华开心,频繁肯定自己。嗯!这点值得学习。他们每次都是在快要得逞时就提前高兴,真有乐观精神!而且,他们还都特说话算话,说"我还会再回来的",就在续集里一定会回来!还喜感很强,永不服输!那要是这么聊,可怕的狠人也挺可爱的!

这就又激发出了个——

自洽法则

把讨厌的人卡通化!

在你学习和工作的环境里,要是有那种老跟你玩儿狠性、跟你耍阴招狠招、故意刁难你的人,就把他们看成是卡通片里的反派角色,是不是瞬间就觉得可爱多了?

他下回再要害你,你就跟他说:又来欠招了吗?好可爱呀!那我就陪你玩玩吧!变身!

这时他一定会傻眼,惊慌失措地说:你是不是疯了?有本事你别变身呀!

08
歇会儿的勇气

亲爱的读者,衷心感谢你已经读了这么多字,我们都好棒啊!

这本企图疗愈你的书,不知道到了此处有没有疗愈到你,如果还没有的话,那后边您也别看了,因为都快结束了。

但我也明白,要说一般能顿时治愈人的,都不是人，而是好吃的食物、好看的风景和好可爱的小狗小猫。你有没有想过，小狗去摸别的小狗时，也会觉得毛茸茸的，好可爱。挠挠它肚皮，它估计想想就开心，怎么没人研究这个呀？总反思为什么不快乐，探求什么才是真正的快乐，这个做法本身就不快乐，好吗？这不跟非要研究怎么给鱼做辆自行车一样吗，它根本没腿呀，要什么自行车？哈哈。

咱们先歇会儿吧。

你知道我们为什么会马不停蹄地忧伤吗？

因为马不停蹄啊！

让马也歇会儿吧！马都累了，你还不累吗？适时地让自己歇会儿，才是缓解压力的关键。而且，你知道歇会儿之后再说出的话，是什么吗？是歇后语。

允许自己能踏实歇会儿，是需要勇气的！**让我们拥有歇会儿的勇气吧！**

推开窗才能透气，推开工作才能休息。我们总以为自己的劲儿还不够，推不开那扇窗。我们总觉得不管前方的路有多苦，都比站在原地不动更接近想象中的幸福。咱们也不怎么了，在没有看到或受到真正的威胁与病痛时，就是不愿停！不管做点什么，都比什么都不做要好。认为原地踏步就是落后，只要有盼头儿，干什么都可以。不能飞就跑，不能跑就走，不能走爬着也要向前，奋进得令人感动。但一定要这样活着吗？为了符合无限攀高的期待，就是不能也不敢歇会儿。

因此马不停蹄地跑瞎了心，迷失在忙碌中，你是不是也曾听到过心里有个声音问自己：我在干什么？！

你说：从没听见过，什么歇会儿？我还要追求卓越，不断向前去接近永无止境的完美！绝不选择更容易的人生，松松垮垮地度过。

他说：什么卓越？我就要选择沙发一躺过半天的日子，有吃有喝就得了，松松垮垮多舒坦啊，非要去思索人生这场必然会心酸的悖论干吗？

我说：什么沙发？听上去挺好的，给我发个链接呗。

哈哈,各有各的活法都没错,但请有意识地给自己留时间去放空呀。

💡

自洽法则

-

对着空气放空,就是在给生活放生,别总咬着牙当个不倒翁,不倒全靠心硬撑。

09
什么都不做的快乐

　　我近两年又发现体悟到了个快乐的大源泉——平静。

　　你问：究竟怎样才叫作平静呢？

　　书说：不悲也不喜即是平静，更是幸福的彼岸，无乐无不乐，无痛无不痛。

　　你说：可我就是不想痛苦啊。

书说：不经历那些痛苦，你长不大。

你说：可经历太多痛苦，我长不好啊。

书说：你已经拥有过了那么多个春天，为何还在纠结眼前痛苦的瞬息？不管生活变得更好或更糟，内心保持平静，一切便会祥和。快乐其实也是一种痛苦，不只要离弃不快乐，也要离弃快乐，智慧就在其中。

你说：可我是智慧有限公司的呀，不看了，我把你合上。

书说：合上我也没关系，封面还是个"和尚"。

哈哈，咱们也不用平静得这么超凡，但平静地面对世界和处理事情，绝对能大大降低压力。平静会把人带入更从容的快乐，平静是超曼妙的外在养生，超见效的内在补品，使你不用非去面朝大海，也能春暖花开。

试想一下：

没人告诉你应该做什么，不应该做什么，会得到什么，不会得到什么。什么都不做，也什么都不想，心里全然没有辜负时光的内疚，精神进入深度放松，这气定神闲、优游不迫的感觉,像不会说话的人在尝蜜,甜浸到心底,是不是比美好更美好?

可内心平静的确很难达到。我之前遇到一个人说他为了寻求内心平静,会去餐厅里买鱼放生,把鱼放回湖水中,对着它说:回家吧!望着鱼儿游走,心升一片安详。

于是我有样学样,去餐厅看到牙签就收起来,再把牙签放到小树林里,对着它们说:回家吧!

这时,被小树林里正在约会的小情侣听到,回应我说:你管得着吗?

哈哈,正如哲人所说,幸福是身体无痛苦,心灵无纷扰。

身体有病痛,心被扰乱很正常,毕竟咱们不是关羽,只会说说双关羽(双关语),刮骨疗毒,光听听就已经浑身疼上了。

但心总易被打扰,身体会跟着难受这事,学会了运用平静,绝对可以改善。

当然,我很了解有的人生性情绪就是不稳定,总涌动着无法安宁的激情，像我以前有个同学就爱没理由找理由地跟人打架，好死不死，有回轮到我了。是的，北京人都打过我这事儿，除了我不知道，别人都知道，可能是我被打傻了吧，哈哈。

当时他对我说：来过过招呀！我会天马流星拳，还会佛山无影脚，你会什么？

我坚定地回答：我会怕。

哈哈，有人逢凶化吉，我逢凶化吉他——我知道他喜欢摇滚乐，就跟他说可以教他弹吉他，他很兴奋，就收手答应了。然后，在两天后的第一节课上，他因为嫌自己手指头按 G 和弦时总没法顺利换到 Em 和弦上，就把他刚买的那把新吉他砸了！

后来他过生日，我就送了他一把新——牙签，让他去小树林里放生。

哈哈，言归正传。在平静的心境氛围里，自然地有种全身心居中的美妙，是那种在敏感与钝感之间的居中。要知道，居中才能真正地做自己，要不然心里有那么多个我，都不知道要做哪个自己，忠于哪个自我。

冥冥之中有股神奇的力量，在借由各种途径，使我们不得不独处，目的是想让我们径直走向自己。 能和自己平静地待在一起，绝对是种非常有效的解压方式。

然而，我们为什么总是无法平静呢？因为——无聊！

谁说平平淡淡才是真？无聊说，平平淡淡才是真没劲！

无聊用它独有的流动方式在体现着时间。一感到无聊，人就总想去干点什么。我曾在十多年前浅显地总结过人生历程：儿时想干吗就干吗，少年时不让干吗就干吗，青年时能干吗就干吗，中年时不能干吗也得干吗，老年时还能干点吗就干点吗。

这一段听上去像位天津人在打快板，反正甭管哪里人，无聊让我们总想要干点儿吗。

当然得说，无聊是人类历史发展中的最大动力之一，这世上无数伟大的发明创造，当初都只是为了满足一时的无聊。

可难受的就是,当我们解决了填饱肚子这一个问题后,蜂拥出了上万个想摆脱无聊的念头。一闲散就不安,总希望有让大脑保持兴奋的事可以做,不由自主地害怕不充实,一想到周末居然没有任何活动,心里就恐慌:那我一个人待着要干吗呢?!

脑子和肚子有个共同之处,吃多了、吃杂了就会闹肚子;看多了、看杂了就会"闹脑子"。

不少人吃饭时要配"电子榨菜"视频下饭;聊天与做事时要配背景音乐;其实也没什么想看的,但就是要拿出手机刷两下。在不看手机的情况下,发掘内心的丰富,简直就是神话!有意地无所事事,简直就是罪过!

寂静的夜里我睡不着,因为我已经习惯了喧闹。

为了不无聊,我们追求享用创造各种新的兴奋,要求的强度还不断加大,恨不得要让心随时冲出胸膛才过瘾,所以导致动不动就失望乏味。

在工作之余,因为要慰劳自己放松放松,所以塞满了各种休闲活动，其实还是在让自己继续忙碌。这不就是本末倒置，像坐在电视上看沙发吗？

也许我们无法好好生活的原因，正是都在竭力地逃离生活。

即使我们一直"闹脑子"闹得心力交瘁，无精打采又焦躁不安，挤不进去的世界也要往里边硬挤，但就是不能平静地和自己待在一起，对自己无话可说。

自洽法则

–

不用盼着欢迎别人光临，
也不去别人那里乱按门铃，
而是和外面的世界保持温和的距离。

说到底，无聊就是一个圈。不管我们通过努力与幸运，达到了多么厉害的成功、成就，都会很快习惯，

然后又开始觉得无聊，想要别的东西了。再绚丽的生活只要习惯了，就绕回了单调，所以我们要学会惬意地单调，学会"享受无聊"！

如果只是欲望—奋斗—期盼，不断循环，必然使人长期心神不宁、压力不停，在此循环中除了转变心态去享受过程，也至少加一段心平气和地"享受无聊"。

咱们不把无聊看作是消极的反应，把它看作是努力工作后享清福的奖赏。享清福这件事，你得真的平静去享，才有福。外面太阳再好，也得你亲自去晒。

享受无聊可以让你下决心断绝没必要的社交，还可以带来美妙的体验。例如，冥想就是什么都不做的快乐，只专注于取悦、体会自己。

狂热中的平静，叫作艺术。平静中的狂热，叫作思考。狂热中的狂热，叫作娱乐。平静中的平静，叫作发呆。如果冥想是深度发呆，那发呆的艺术就是思考的娱乐。

总之，该努力工作的时候努力工作，不用努力工作时，就别再想办法假装努力工作了。虽然很多工作确实是无聊的，但同时也在打发着我们的无聊。愿我们都能在工作中玩耍，在玩耍中工作。做什么有做什么的快乐，什么都不做也有什么都不做的快乐！

10
自己挖坑自己跳，
爬不出来自己笑

你发现了吗？我们其实总在解决会带来更多烦恼的烦恼。

我们厌恶压力，却深爱着带来压力的原因。

比如，钱不够多，是个大烦恼！"解药"就是多多赚钱，便不再烦恼。但是，有钱只能解决缺钱和与钱相关的烦恼，这当然很好，可要是花上几十年去解决这个烦恼，就带来了损失被骗的不安、扰乱理智道德、亲友疏离争斗等更多的烦恼。

哲人说，富裕的本质不是减轻烦恼，而是变换了烦恼而已，不断追求财富会让人陷入永不满足的麻烦。

投资家说，想要赚钱，必须学会主动地"找麻烦"，只有愿意自找麻烦的人，才能找到别人看不见的机会，使自己富裕。

都挺对的，但我觉得《麦田里的守望者》里霍尔顿说得更对，他说：钱这个王八蛋，到头来总让人伤心不已。

再比如，脸不够好看，是个大烦恼！"解药"就是通过医美改造，便不再烦恼。但是，天生不丽质完全没有后天不理智可怕，持续改、不断造，提拉紧致全脸，能吊起来的皮全吊起来，提拉效果看着跟一口气喝了 30 罐运动饮料，精神得像这辈子从来没睡过觉似的！花那么多钱去解决这个烦恼，结果却带来了频繁修补、过度改造、招引嫉妒等更多的烦恼。

同为长相一般的我，非常理解容貌上的压力。大家都想漂漂亮亮的,把自己的美丽送进别人的眼睛。为什么古代会流传下来一句俗语"自古红颜多薄命"?因为自古就没人遗憾不长命的丑人。偏激了偏激了,哈哈。咱们也并没"此颜差矣"到跟排球似的,到谁手里都不敢要,只想打出去。我们无法选择生来的漂亮与否,却可以创造自己的那份漂亮!也就是说,把美颜相机的参数都调大点儿。

你说:这不是掩耳盗铃吗?

眼耳哪能到0啊?最起码得调到+50!哈哈。

压力复压力,压力何其多,压力大得咱们是一打一打地抽闷烟。穷极一生追逐的东西,既让人欣喜,又会让人崩溃,就像气球爱上了刺猬,一深情相拥就扎破了自己。

名声、财富、成功、被爱、被认可,这些美好的"坑",是我们自己挖的。之所以称其为"坑",是因为我们会禁不住痴迷地挖,越挖越痴迷,越痴迷越挖,不知不觉"坑"就成了陷阱,把本来会带来快乐幸福的东西,亲手转变成了痛苦和压力。**痴迷虽然也**

能带来一种快乐，但这类快乐主动拥抱我们的目的，是要勒死我们。 要知道，狡猾的猎人总以猎物的方式出现。

💡

自洽法则

成功、发财、好看，这些是用来为你助兴的，不是用来决定你开不开心的！

但由于本书作者也爱挖"坑"，所以并不会劝谁停工。**自己挖坑自己跳，爬不出来自己笑。** 反正知道坑的深浅、有节制，便能享受占住了坑位的惬意。把曾经的奢侈品视为现在的必需品，就是不知深浅、没有节制的表现，别让自己引以为傲的风光都沦为价格。钱要放进兜里，而不是心里。

11
欣赏比占有更让人舒心

我们都是越有越想有的人，不克制、拦着点儿自己，得到再多也觉得少。因为欲望和愚公的子孙一样，是无穷尽的。

有位智者说：欲望是主动选择的不开心。

有位智者说：欲望是难以控制的意志力量。

有位智者说：欲望是人与幸福间一段不可逾越的

距离。

而不是智者的我说：我的欲望是，希望你还有读下去的欲望。

哈哈，但为了欲望傻呵呵是我们的天性，连公认无欲无求的婴儿，吃奶时不是也会使出吃奶的力气吗？

看过一大堆哲思后，我领悟到了，欲望是一种热能，快速升温使自身火热，还会发光把前方照亮，简约、美观、时尚、大方、节能、省电……

你说：这是欲望吗？是浴霸吧？

我说：没错，欲罢（浴霸）不能，就是欲望！

欲望满足了一个就追下一个，永不停止。没有任何一次的成功与拥有能让我们得到长久的愉悦，而且越成功、拥有越多，愉悦感的持续时长就越短。**天堂令人向往，一旦到达便不复存在。**

还记得那只我从来没有讲到过的小猪吗？

有一只正在追着自己尾巴绕圈的小猪。猪妈妈问，你干吗呢？小猪说，我问我爸快乐在哪里，它说就在我的尾巴上。猪妈妈笑着说，既然你相信快乐在你的小尾巴上，就放心出去玩儿吧，不用绕圈追它，快乐会一直跟着你的。小猪欣然地听话出去玩儿了，然后被猪农看到，就把它做成了菜，端上饭桌，饭桌上的客人夹起一块红烧猪尾开心地说：真香！吃猪尾巴是我最大的快乐！

是的，看完这个故事后，你领悟到了，以后不要什么故事都看。

我们总是快乐后还要更快乐，成功后还要更成功，就是要更多、更好、更新，对"更"的超强需求冲动深扎在血脉中，这个"更"啊，真是个磨人的小妖精！

那我们要制服诱惑吗？

你惊喜地问：什么？看疗愈书还能看到这么刺激的东西吗？

这位读者，你好，不是性感的那种，是制服欲望的诱惑。圣哲说，要停止自动续杯且越续越大杯的欲望，就要看淡与放下。

这位读者，我懂你，听到这种话时就翻白眼：让我看淡？那要先得到了之后才能看淡呀！什么都没有时，我去看淡什么呢？这不是逼着我不吃葡萄倒吐葡萄皮吗，咱不会这魔术呀！

说的也是，连悉达多也是先过锦衣玉食的王子生活，才去觉悟修行的。看淡是因曾经得到过绚丽，单一地强迫自己压抑欲望也是徒劳。

但咱们可以推理下：**如果"得到"是"看淡"的前提，那么，只有得到后才能看淡，得不到就看不淡，一直得不到就一直看不淡，一直看不淡虽然不保证能得到，但保证能得病，一得病就什么都看淡了。**

好啦！推理完成！嘿，您瞧瞧，自己给了自己一扫堂腿，哈哈。但这个破推理并不会让谁甘心看淡，咱们都是那只不试试就不信自己不是鹰的鹌鹑，因为鱼是戒不掉海的，即使海已经变脏了。

放下比看淡更难，而且，要放下欲望本身也是个欲望啊，那我们要不要放下放下欲望的欲望呢？

你说：暂时还不懂你在说什么，但你要不要先了解一下什么叫作吃饱了撑的？

哈哈，我遇到过很吃饱了撑的的事是，采访过一位著名室内设计师，有人花上百万请他做室内装潢，他认为最棒的设计就是要有"家徒四壁的高级感"。客户五百平方米的大白墙房子，他设计装潢了三个月，去验收时看到的是，一个墙皮都扒下来的毛坯房，中间就放了一张大桌子。

客户问：这屋里就一张桌子，我那么多别的东西都要放哪里啊？

他淡淡地回道：放下。

怎么样？！上百万就买个恍然大悟，你就说值不值吧？哈哈，像我第一章里说过的，其实那人不花这钱，他自己到洗手间里去看看马桶盖，也能领悟到这深远的含义。

有的人真的很值得敬佩，因为觉得自己已经享受过了，不再需要了，就决然放下了，即使那是别人都认为特别好、是自己曾经努力得来的东西。拿起，使劲就行，放下才是真功夫！拿起以后，死都不放下，就成了瞎耽误工夫。

但咱们目前也不用放得那么下，毕竟好吃、好玩、好看、好舒服的东西那么多，也不必把名利搞得像条要徒手抓住的鱼，既想竭力抓住，又嫌鱼腥气。钱的用途不说别的，光可以抵御也许会发生的不幸这一点，就必须得有。都是咱们靠自己辛苦努力得来的，没有什么不好意思享受的，只不过要——

自洽法则

精简欲望，别让欲望流向自讨苦吃的地方。

不用喜欢的都拥有，只要拥有的都喜欢。

我特别能理解，我们都很想把所有喜欢的东西全买下！连带着一般喜欢的顺手也买下。每200减20、每300减50，你本想买个106块钱喜欢的东西，为了凑数图个实惠，把根本不清楚自己喜欢不喜欢的东西也买下了。

于是家变成了小型货仓，晚上明明睡在家里，却有种在仓库里值夜班的氛围。关键东西一多还得买收纳神器，买了一大堆各号的收纳，都买出绕口令来了：大收纳收小收纳，小收纳收小小收纳。甚至还会买小吸尘器，去吸大吸尘器上面的灰。

哈哈，关键是拥有的越多，需要顾忌照料的就越多，于是拥有的就不只是心仪的物品了，更是一堆麻烦和负担。

我不赞同"成年人不做选择，全都要"这句话。赞同这话的人，是赶上过自然灾害呀，还是家里失窃得只剩裤衩了？至于这么爱当仓库管理员吗？

自从看完《断舍离》那本书后，我当下直接就——把那本书给扔了！

哈哈，没有没有，我要说的是，我也不赞同"整洁却无趣"的那种极致的清理方式，东西是没了，乐趣也没了，有趣、有益、能陶冶自己的东西，还是要尽所能地丰富。对于不能怡情养心但又必不可少的东西，我得尽量践行自己定下的筛选法则：**有了，够了，**

就得了!

有,更好;没有,拉倒。I don't car(我不关心)。

你说:拼错了吧?还有个 e 呢。

那个 e,有,更好;没有,拉倒。I don't car!再说,e 都不发音,我写它干吗?

哈哈,见到当时挺喜欢但没太大必要的东西,就看看或有机会体验下就得了。

自洽法则

—

**能占有却不占有,反而心里快乐久,
欣赏比占有更让人舒心。**

我这样想了以后,还顺道解决了多年的一个心病。以前让自己最无奈的是,不是做错了什么,而是明明感觉做得都挺对的,却还是得不到想要的结果。得不到就得不到吧,现在我也不想要了。放过自己后,不

仅揪着的心松了，还发现曾经努力后得不到的东西，其实都会以另一种方式来回报自己。

当然，自己的日子自己过，您不认同我完全没有错。如果欲望并没带来内心冲突和麻烦，更多的是激发动力和幸福感，你就追求欲望去呗，多多慰劳慰劳、取悦下自己，坦率地满足自己，实在是世上最应该主动做的事。

如果欲望跟浩克似的过度膨胀，咱就别那么"好客"了，赶紧轰走。被与自身能力和真正所需相差悬殊的欲望搞得压力巨大，这种招致了更大痛苦的快乐，您又何必留着它呢？

虽说做什么都是为了快乐，但咱们也不能为了快乐什么都做呀！

欲望无好无坏，可好可坏。咱们想要摆脱的不是欲望，是欲望带来的烦恼压力。就像谁被爱情伤了，是想从这段虐心的爱情里解脱，而不是永远脱离爱情本身，毕竟还有那么腻乎、甜蜜的一面伴着你缠绵呢，爱情这玩意儿啊，谈起来真带劲！啊呼，脑子里多绷根弦儿就行了。

你说：可我脑子里缺根弦儿啊，还正好是你说要绷的那根儿。怎么办呢，欲望实现不了就是憋屈啊！

那么……

12
欲望魔幻时刻

魔幻时刻现在开启!诺齐克的体验机[①],超顶欲望满足你!

我是欲望魔幻师——小来劲!

---

① 诺齐克即罗伯特·诺齐克(Robert Nozick,1938—2002),美国哲学家。其"体验机"(Experience Machine)思想实验是指,想象自己通过一个机器相连,它可以模拟任何体验,感受到财富、欲望、成功等无比愉悦的体验。

欲望让你发光！欲望让你疯狂！欲望让你二环里想要六套房！扪心自问，那些掌声、名利、地位、帅哥、美女，是你心里真正想要的吗？

你说：当然是呀！谁说什么欲望会让人伤痕累累？别这么客气好嘛，让我粉身碎骨都乐意！

小来劲：好的，要的就是你这副垂涎欲滴，见到财宝就流哈喇子的劲儿！此刻我要给你那股冲破天灵盖的绽放感！让你所有的欲望即刻实现！绽放吧！

想要声名显赫，人见人爱，被所有人认可，还有完美恋人？

走你！欲望魔幻时刻开启——

你出门，所到之处人人都说不尽、道不完地夸你，大家不是想和你拜把子，就是想给你磕头！

你回家，家人们在客厅里已经都竖了两个多小时大拇指了，就盼着你回来，为你点赞！

再走进起居室看看，哇哇哇！那位让你心动不已、梦寐以求的完美恋人，正在墙角倒立，无论你到哪里，他都倒追你！被他追到，你可就要幸福了哦！

怎么样？满足了吧！

你想要暴富，买到所有喜欢的东西？

走你！欲望魔幻时刻开启——

什么一劳永逸，直接就是不劳而获的超快感！你都不用亲自去商场、网购，只需闭上眼，想着想要的任何商品——再睁眼看看，对了！都出现在你面前啦，放心拿着玩去吧，绝对合心合意又合法！

哇哇哇！好东西太多了，多到装不下啦！我先去墙角倒立，给你腾腾地方吧。

怎么样？满足了吧！

你还想要才华横溢，出众美丽，永生不老？

行行行，我算是了解你了，你就像个逛美食街的大胖子——什么都想来点儿！没问题，走你！欲望魔幻时刻开启——

所有难以置信的才艺绝活儿，通通都是你的家常便饭！

所有令人惊叹的花容月貌，全都不及你的眉眼半分！

所有岁月无情的蹉跎衰老，都染不到你的青春永驻！你的皮肤恒久紧实，润白得跟陶瓷坐便似的！

怎么样？满足了吧！

你开心得冒着鼻涕泡大叫：太爽了！这些我能享受多久呢？

小来劲：我把时长设置成了无限，你尽情"play go"，玩儿去啊！

一支笔不代表时间，没了水的笔，就成了时间。再来看看后来的你，在这些丧心病狂的美好中过得怎么样了？

你说：奇了怪了，这每天都是奇迹的日子，过多了，我竟然无感了、麻木了，居然厌烦起心想事成怎么都这么快了！我快疯了！

小来劲：是的，满足所有欲望的后果就是，会把你引到幸福快乐的反面——麻木！你已从情绪持续亢奋到达了彻底麻木。再喜欢喝水，也不能一直待在水里呀，你又不是鱼，不就该溺水了吗？

没有痛苦的欢乐，就没有了生命力。没有付出的

得到，就失去了意义。没有挑战的世界，就再也发挥不出潜能。

你说：别再跟我这儿炫排比句了，现在我可怎么办哪？

小来劲：别崩溃，万事总有解法。你听——"身在福中不知福"这句被你曲解为"不听老人言，开心好几年"的陈词，它化成了一个遥远的大嘴巴，一路翻山越岭、风尘仆仆地坐公交转地铁换共享单车地迎过来，此刻重重地扇到了你的脸上！

请问你被大嘴巴扇过后，引发了怎样的心得？

1. 你被大嘴巴扇生气了。心说：敢打我？那我也要打你！

2. 你被大嘴巴扇得心里连连叫好，感到自己收获了意味深长的内省。

3. 你被大嘴巴扇到脸之前，提早赋予了这个嘴巴意义，用迫切的心情主动盼望着被抽，挨到嘴巴之后心里高呼：就这个 feel 倍儿爽！

不管是哪个都希望你能领悟到，一味拼命地追求

281

满足外部欲望,只是用来弥补内在的空虚,让自我感觉好过一些。但其实满足了欲望后,真正的麻烦才会出现!因为欲望满足不了时,可以找无数的理由;欲望满足后会发现,已经没有理由再难过了,怎么还是那么难过?

一个人如果只是个欲望的容器,填得再满也填不到内心里。心需要你哄它,不是用豪车、豪宅、奢侈品来哄它,需要的是你哄它!谁要是忙得像个恨不得一边走道一边睡觉的大款,以为可以花钱了事、物质化地对待心,心就会变成一个暴殄天物、蛮横无理的疯子。

一个人的欲望总能被即刻满足,是命运对他残暴的溺爱。溺爱是一种淹没,被淹没时就会引发暴力的挣脱,尝尽苦果。

创造自己内在的丰盈自足,人才会感到真正的幸福快乐。

最后,把《瓦尔登湖》中一句超级精彩的话送给你:只有我们醒着时,天才是真正的破晓。日出未必意味着光明。太阳也无非是一颗晨星而已。

13
无条件快乐！

什么乱七八糟的，谁来管管写这本书的人啊！

管不了那么多了，现在来换换脑子清醒下，咏首小天才写的诗给你吧：

今晚，月色如水

热气退去，凉风习习

我一直期待和你一起玩耍

可惜你躲在家里发脾气

本来，我准备了两支冰激凌

你一支，我一支

想想就开心。

我亲爱的朋友啊

今晚，你损失了一支冰激凌……

如果只有成功了才快乐，赚钱了才快乐，被认可了才快乐，超过了别人才快乐，超越了自己才快乐，一切快乐都要先满足条件的话，那你得等到什么时候才能快乐？

你的好朋友"快乐"一直期待着和你玩耍呢，你却和"压力"在忙碌，好可惜啊，你损失了那么多支冰激凌……

为了达到社会与自己制定的标准，要忍受许久的压力，财富与荣誉在未来，要拼命往前赶，可是前方还有生病与不幸呢，你也着急奔向它们吗？那些会带来更多烦恼的烦恼，还有认知失调地把过度努力和无度攀比解释为刻苦与荣耀，你实在太累了。

我们总为以后的生活做打算，认为未来的成功需要牺牲现在的快乐。

遇到多么好的天气，都不敢在阳光下面无条件地多待会儿，只想着要去加班加点工作。可气的是，加班加点去工作也不能保证一定成功，就算成功了，你又开始琢磨怎么运用已有的成功让自己更成功。

没那么多的来日方长，别高估了未来，低估了现在。不断延迟快乐的计划，只会空留一身时刻不知如何是好的自我和被工作掌控的无助，别对自己这么残忍。

自洽法则

甭管达没达到什么标准,先快乐为敬!

记得有次我那无条件爱我的妈妈,她说要和我好好谈谈心。我们的深聊才刚开始,我身不由己、不孝顺地放了个屁,浓烈到让对面楼里的居民们都赶紧关上了窗户。无条件爱我的妈妈沉默了一会儿,站起来说:告辞了,我的儿,咱们后会有期!

哈哈,这段没有任何用的表达要表达什么呢?是要表达多去做些"没用"的事吧!

比如和家人、爱人、朋友,聚会、游玩、看演出,任何仅仅是为了增进亲密感情的事;多去欣赏美,看画、读诗、品艺术,任何仅仅是为了滋养心灵对美更敏感的事。这些事没有经济回报也不实用,却更值得专门付出时间与金钱。因为那些感受会超越时间,栽心收藏，这样你便没有损失任何一支冰激凌！

电影《查理和巧克力工厂》里那位爷爷说：外头的钱多的是，每天都有新钞在印，但这张金奖券，全世界只有五张而已。以后不会再有了，只有傻瓜才会放弃金奖券要钱那种俗气的东西。

没看过这个电影的人，根本不知道我在说什么，对不对？但我不在乎呀，你也不应该在乎，**你应该在乎的是——无条件快乐！**

后记
心在自洽乐园

好啦!到这里,这本企图疗愈你的书就写完了,最后想跟亲爱的读者说,写这本书就是因为我也经常不高兴,高敏感的天性自造了太多感性的烦恼,多年被大事小事、别人都没感觉是事的事,触发着多余的反思。搞得既被反思烦死,又成了反思的fans(粉丝)。于是自己也不怎么了,老想探究下自己是怎么了。于是我就找各种书来看，它们点醒了我的困惑，迭代了我的认知，悄悄地助我成为更居中的自己。

但我有个大 bug，就是记性是真不好。读起书来本本醍醐灌顶，合上书就忘得一干二净。还特意买过几本增强记忆力的书，看到其中有两个窍门特别精妙，一个是……什么来的？另一个，嗯……我忘了。

哈哈，好吧，但是忘了也有好处。你知道吗，总是感到口渴想喝水的人，就是因为平时需要记住的东西太多，当你什么都忘没了，也就不容易口渴了，因为忘没（望梅）止渴。

您看看，我多自洽！所以，这本书里"智者说"和"哲人说"之类的各种说，是因为我真记不住都是谁说的。这个世界除了人多就是话多，但是幸福、快乐不够多。

其实我是那么幸福，只是自己以前不知道，还偏要站到幸福的旁边。以前我总抱怨别人不理解我，后来发现原来是自己不理解自己。当越多地理解了自己的"为什么"，就更接受了世事的"怎么能"。

目前我已经跟自己聊得差不多了，也把研习理解自我和很多灌顶之书的心得分享给你了，可能引发了你的欢笑，也可能引发了你的思考，更可能引发了你的瞌睡。

在《为什么读经典》那本书里写道：经典作品是那些你经常听人家说"我正在重读……"而不是"我正在读……"的书。

这两个"……"生动地表现了读者们不管在读或重读时，都会连话都没说完就迅速进入睡眠的状态，果然大师的写作笔法真是传神哪！

哈哈，希望我这本不经典的书，没让你犯太多困，还能助你把那100个想不开的死结，化为101个活扣！

还记得咱们在第一章中达成的共识吗？

一个有我们的世界比一个没有我们的世界，要有趣太多了！

自洽法则

—

主动活得有趣,才会有趣地活着。
要知道,美好的事情之所以会发生在你身上,
是因为你让美好的事情发生了!

愿我们在这个躲不开烦恼的世界里——人**在烦恼世界,心在自洽乐园**!

图书在版编目（CIP）数据

万物自洽法则 / 大张伟著. -- 北京：北京联合出版公司, 2025.8. -- ISBN 978-7-5596-8674-9

Ⅰ. B821-49

中国国家版本馆 CIP 数据核字第 2025RF7857 号

万物自洽法则

作　　者：大张伟
出 品 人：赵红仕
责任编辑：杨　青
产品经理：陈　曦
封面绘制：曾不 2
封面设计：别境Lab
排版设计：三　喜

北京联合出版公司出版
（北京市西城区德外大街 83 号楼 9 层　100088）
河北鹏润印刷有限公司印刷　　新华书店经销
字数：130 千字　　787mm×1092mm　　1/32　　印张：9.5
2025 年 8 月第 1 版　　2025 年 8 月第 1 次印刷
ISBN 978-7-5596-8674-9
定价：48.00 元

版权所有，侵权必究
未经书面许可，不得以任何方式转载、复制、翻印本书部分或全部内容。
如发现图书质量问题，可联系调换。质量投诉电话：010-82069336